Modelo para la Sistematización de Experiencias

Fredy L. Martinez

ISBN-13:978-1535346412
ISBN-10: 1535346418

DEDICATORIA

A mi familia, con todo mi corazón.

CONTENIDO

RECONOCIMIENTOS

Gracias a la UPB y la Universidad Nacional-CINDE. Dos instituciones que me permitieron crecer profesionalmente y poner en práctica mi conocimiento. Este libro es el producto de mi experiencia y trabajo con Jóvenes, niños, familias y comunidades. Experiencias que he sistematizado usando el modelo que aquí presento. También mis agradecimientos a mis maestros, mentores y alumnos en el área de investigación cualitativa y la psicología social, quienes fueron me asistieron en la creación de este modelo. .

1 INTRODUCCION

Actualmente la investigación cualitativa ha tomado fuerza y empuje en las ciencias sociales. Un tipo específico de Investigación es la Investigación llamada Sistematización de Experiencias (SE). La investigación SE da respuesta a la necesidad de crear conocimiento basado en las prácticas y experiencias (tanto exitosas como no exitosas) que se llevan a cabo en comunidades y grupos sociales.

La SE da una alternativa posible para crear conocimiento basado en estudio de las experiencias concretas; y es el instrumento más efectivo para legitimar, validar y extraer modelos que se puedan replicar. Es común que las comunidades sepan cómo cambiar sus problemas y la falta de sistematización de dicho conocimiento no permita que se divulgue y legitime sus aportes.

El presente libro ofrece un nuevo modelo para realizar sistematizaciones de experiencias. El modelo unifica 4 modelos pasa sistematizar experiencias y presenta de manera práctica una guía paso a paso como realizar SE en la práctica.

Cualquier experiencia social y educativa puede ser sistematizada siguiendo el modelo aquí presentado. Sistematizar experiencias contribuye a la creación y formulación formal de conocimiento que puede posteriormente ser replicado en otros contextos.

Es así que la SE ha tomado fuerza por su ventaja metodológica y sus aportes teóricos; por que la(SE) se presenta como una alternativa que recupera sistemáticamente lo ocurrido en la realidad.

A continuación, se presenta el que, el por qué, el para qué, el cómo y el con que de la SE.

2. LA DICOTOMÍA DE LO 'OBJETIVO' Y 'SUBJETIVO' EN LA 'ES'

Uno de las afirmaciones que otorga identidad a las diversas experiencias de sistematización es su cuestionamiento a la investigación social de tipo positivista.

Este tipo de estudios (investigación social de tipo positivista) están centrados en la *explicación* y en la identificación de las estructuras "*objetivas*" que inciden en la acción.

Dichos tipos de estudios, usualmente recurre a categorías *descriptivas externas* a la misma experiencia que objeto de la reflexión.

Los estudios realizados desde esta perspectiva (objetivista), según los críticos, no logran dar cuenta de la naturaleza de los procesos y de los cambios subjetivos que produce una experiencia educativa analizando, más bien, el plano de la forma o los aspectos externos y descriptivos de una acción. (Gran parte de esta discusión tiene como referente los estudios evaluativos sobre las experiencias de educación popular que terminan midiendo o analizando aspectos que escapan a la naturaleza cultural de su acción. Sobre el tema ver: Martinic, S y H. Walker El umbral de lo legítimo. Santiago, CIDE-CIPCA, 1987.)

Para los diferentes enfoques de sistematización el tema se debe analizar de un modo diferente. Un modo que sea cercano a una perspectiva Weberiana, la cual propone una concepción comprensiva para abordar el problema. Desde esta perspectiva las experiencias se entienden como un sistema de acción donde diferentes actores construyen y reproducen sentidos desde sus propios horizontes culturales y sociales.

Es decir, se trata de acciones sociales situadas, donde los actores despliegan acciones e interacciones para alcanzar finalidades compartidas. Estas no necesariamente son coincidentes ni tampoco suficientemente explícitas. Pero ello, no impide concebir que los actores tienen una intención y que persiguen objetivos que, cooperativamente, se definen como deseables. (De hecho, la mayor parte de las experiencias de Educación Popular se definen como "proyectos" lo que por definición alude a acciones intencionales emprendidas con un objetivo determinado que se espera resuelvan o transformen el problema a que les dio origen.)

En efecto, en la investigación suele establecerse una clara diferencia entre los "métodos cuantitativos" y los "métodos cualitativos" (Patton, M.Q., 1978;, Guba, 1978; Grand, A. et al, 1995).

El primer enfoque, asociado a la tradición positivista, concibe la realidad social como una estructura objetiva y externa al sujeto y su contexto.

El segundo, en cambio, se asocia a la tradición interpretativa, y afirma que la realidad social por excelencia son los sentidos subjetivos que orientan la acción de los sujetos.

En el primer caso se busca medir y establecer, con la mayor precisión posible, las relaciones causales que pueden existir entre distintas dimensiones o variables para explicar los fenómenos de la realidad. En el segundo, por el contrario, se busca comprender una realidad social que se construye intersubjetivamente y donde las relaciones son complejas y multivariadas (Glaser, B.G. y Strauss, A.L.1967)

En los estudios investigativos de orden participativo el enfoque cuantitativo tiene como ejemplo clásico las evaluaciones experimentales. Este diseño conduce no solo a conclusiones causales más claras, sino que el mismo proceso de diseño contribuye a aclarar la naturaleza social del problema que se está estudiando (Riecken, W.R., et al., 1974).

Para la perspectiva cualitativa, en cambio, las mediciones experimentales han conducido a estudios con resultados limitados. Este tipo de investigación, a juicio de Parlett, M. y Hamilton, D. (1976) son inadecuadas para ilustrar áreas de problemas complejos y no aportan mucho para la elaboración y toma de decisiones. Es así que, los enfoques cualitativos se inspiran en la tradición subjetivista clásicamente representada por Weber. y por Gadamer con su Hermenéutica.

Sin embargo, la dicotomía (del positivismo) que separa fuertemente las estructuras del mundo subjetivo tiende a disolverse en el campo de la investigación social y evaluativa.

En efecto, tal oposición termina por consagrar la separación de dos dimensiones que la investigación social ha tratado de unir. Por un lado, la estructura o el mundo externo y, por otro, la conciencia o el mundo experiencial del sujeto.

De este modo conceptos tales como: -Habitus de Bourdieu, P. (1980);- Código de Bernstein, B. (1977) o de -Acción comunicativa de J. Habermas (1992) no tendrían lugar en el positivismo por intentar, precisamente, disolver las bases que sostienen una dicotomía como la planteada.

Para estos autores existe una interacción y constitución mutúa entre estructura y conciencia; entre lo objetivo y lo subjetivo; entre sistema y mundo de la vida y difícilmente se podría reducir la vida social a una sola de estas dimensiones.

Por otra parte, como señalan Reichardt, Ch. y Th. Cook (1967) los autores que enfatizan el contraste de estos paradigmas suponen "que un tipo de método se halla irrevocablemente ligado a un paradigma" de manera tal que la adhesión a este "proporciona los medios apropiados y exclusivos de cocoger entre los tipos de métodos" (pp.29-30). De este modo si la teoría de investigación se encuentra cercana a la perspectiva objetivista el evaluador estará obligado a trabajar exclusivamente con métodos cuantitativos.

Sin embargo, la práctica de investigación demuestra lo contrario. En efecto, una sistematización o estudio que utiliza métodos cuantitativos no necesariamente debe obedecer al positivismo lógico.

Del mismo modo, los estudios que utilizan técnicas cualitativas no necesariamente asumen un paradigma interpretativo o subjetivista. Lo que, finalmente, decide la pertinencia de uno u otro tipo de técnicas es la naturaleza del asunto en cuestión o la problemática que se pretende abordar.

Así entonces los paradigmas y las teorías definen el horizonte interpretativo del investigador, pero estos, como señalan Reichardt, Ch. y Th. Cook (1967), no están inherentemente ligados ni constituyen el determinante único de la elección de técnicas cualitativas o cuantitativas.

De este modo si en el plano teórico y de los paradigmas los esfuerzos se dirigen a superar la tradicional dicotomía que separa sujeto de objeto es necesario, en el plano de las técnicas, superar la oposición que se establece entre cuantitativo y cualitativo. Esta es la tarea que hay por delante y cuya posibilidad y ventaja ya ha sido mostrada por diversos autores (Reichardt, Ch. y Th. Cook (1967) Ragin, Ch.,1987, Merino, J., 1995).

Como en el caso de la evaluación la dicotomía objetivo-subjetivo no resulta ser beneficiosa para las experiencias de sistematización. Insistir en uno u otro polo releva ciertas dimensiones válidas e importantes de conocer, pero deja sin analizar las relaciones que ambas dimensiones tienen entre sí.

En efecto, la naturaleza propia de una acción es la particular simultaneidad que produce entre las estructuras y las orientaciones subjetivas de la acción. Las acciones, cualquiera sea su característica, se despliegan en un horizonte social y cultural que plantea límites, pero, al mismo tiempo, posibilidades de desarrollo que son inéditas.

En otras palabras, las prácticas sociales, sean estas pedagógicas o no, están estructuradas por las condiciones en la cual se desarrollan, pero, al mismo tiempo, son estructurantes abriendo las posibilidades de cambio en el mismo contexto o situación en la cual se generan.

El desafío epistemológico de la sistematización es, precisamente, dar cuenta de esta interacción superando así las dicotomías que separan estructura de conciencia; teoría de la práctica o conocimiento de la acción.

Para ello deberá definir su objeto de una manera diferente y basar su fundamento teórico en una nueva teoría de la acción

3. EL ORIGEN DE LA 'SE'

Para entender la sistematización a cabalidad es necesario presentar el contexto en el que nace y sus expectativas.

Alfredo Ghiso: Docente, Asistente investigación Especialización en animación sociocultural y pedagogía social de la FUNLAM y Coordinador del Área Andina de la CEAAL en un documento presentó los elementos históricos para entender la sistematización.(El texto que refiero recoge apartes de las reflexiones desarrolladas en el marco del proyecto " Teoría y práctica de la animación sociocultural, estado del arte de las sistematizaciones realizadas en el campo de la animación socio cultural y de la pedagogía social entre los años 1995 -1997 ,en las ciudades de Medellín, Montería y Apartado.)

En su texto Ghiso hace memoria de aquellos contextos y momentos que enmarcaron las acciones y reflexiones sobre la investigación de la acción social, impulsando una propuesta que se denominó sistematización y que procuraba comprender y cualificar el quehacer social.

Al final de la década de los 70, en medio de un marco generalizado de crisis exigía por parte de los sectores populares, nace la necesidad por propuestas transformadoras de las prácticas existentes. Eran momentos en los que, desde la identidad política y de clase, la solidaridad, la creatividad y la lucha, confluían y se integraban "orgánicamente" en diferentes tipos de prácticas sociales que demandaban, criticaban, denunciaban, defendían, proponían y construían modelos sociales desde los cuales se pretendía o se ejercía el poder.

Era la época de las luchas de liberación en Nicaragua y Salvador, de los paros cívicos, campesinos y mineros en Colombia y Bolivia.

Eran los tiempos de inconformidad por la incapacidad de los sectores dominantes y de las estructuras sociales existentes de asimilar, dentro de ellas, otras posibilidades distintas a las de la miseria generalizada, la desaparición forzada, la muerte, la represión o el miedo. (Colombia, Brasil, México, Guatemala, Perú y los países bajo dictadura vivieron, y algunos siguen viviendo, bajo estatutos y regímenes de seguridad aplicados por agentes estatales o para estatales.) -Ver Ghiso A. "Educación Popular lo alternativo de la propuesta" En: Salud Alfabetización y educación popular. Medellín, Fal, 1992.-

En este contexto emergen prácticas sociales subalternas, de carácter alternativo que se integran y articulan, de diferentes maneras, a lo que hemos llamado en algunos casos movimientos populares y, en otros movimientos sociales.

Estas dinámicas sociales incidieron con menor o mayor fuerza en la vida cotidiana, en las organizaciones sociales, en el quehacer político y económico y en las expresiones culturales que en ellos convergen.

Las condiciones críticas del contexto y las condiciones socio-políticas, culturales, económicas y ambientales en la que se desarrollan los procesos, las acciones y prácticas sociales de los sujetos vinculados a estos movimientos eran cambiantes, y complejas.

En ellas se palpaban momentos de evolución e involución, de progreso, de estancamiento, y de proyección o de retención del choque entre lo antiguo y lo nuevo.

Estos cambios eran veloces e imperceptibles y, en muchos casos, incomprensibles en su momento con el aumento de nuevas formas de telecomunicación y transporte.

La dimensión temporal y espacial de los sujetos y de su quehacer social empiezan a ser factores que requieren ser reconocidos, estudiados y valorados, al igual que la intencionalidad y el paquete metodológico propios de los proyectos de animación socio cultural, educativo populares o de promoción grupal o comunitaria que se realizaban en diferentes países.

Es en este momento que surgen preguntas (Ver Tapia G. "Educación popular y democracia latinoamericana" En: La formación metodológica de los educadores populares, Santiago, Ceaal 1989) como:

- ¿De qué manera lograr una interlocución armónica con las organizaciones tradicionales del pueblo, sean éstas partidos, sindicatos, cooperativas, asociaciones revalorizando sus historias de lucha y aportando a la cultura organizacional del pueblo?

-Teniendo en cuenta los cambios coyunturales y de contexto, ¿cómo es posible revalorizar los movimientos sociales reubicando su rol y protagonismo?

- ¿De qué forma inyectar en los movimientos sociales elementos experienciales que permitan cualificar los modos de hacer política ampliando y perfeccionando los mecanismos de participación de las grandes mayorías?

- ¿Cómo transformar los componentes autoritarios que rigen las interacciones pedagógicas y organizativas?

- ¿Cuáles son los medios que los proyectos deben dinamizar, en un contexto cambiante, para que hombres y mujeres latinoamericanas en condiciones de exclusión, logren de una manera digna y libre articular sus demandas y luchas, a través de una práctica política y organizativa obteniendo satisfacciones concretas y trascendentes?

Estas preguntas reflejaban una preocupación de orden político, teórico, metodológico y operativo que llevaban a destacar una necesidad cada vez más sentida, de ir redefiniendo el quehacer, ganando mayor claridad en las propuestas.

Esto implico proponerse recuperar y reflexionar críticamente la práctica para posibilitar un salto cualitativo que las circunstancias y las transiciones socio políticas, económicas y culturales demandaban.

El momento exigía - y hoy en día también - superar, entre otras cosas las crisis de crecimiento, identidad, comunicabilidad y eficacia que presentaban y se descubrían en los proyectos de intervención política, económica, social y cultural.

Por otra parte, resolver estos interrogantes suponía generar saber y conocimiento desde la práctica y para ello se requería empezar a hacer conciencia de lo que se realizaba por medio de registros, análisis e interpretación del acumulado existente en lo práxico, en las formulaciones y en las concepciones.

Surge, en este período para responder a los desafíos contextuales y a los interrogantes que presentaban las diversas propuestas de educación popular y de trabajo social alternativo, un llamado a "sistematizar las practicas" como un esfuerzo consciente de capturar los significados de la acción y sus efectos; como lecturas organizadas de las experiencias, como teorización y cuestionamiento contextualizado de la praxis social, para poder comunicar el conocimiento producido.

En resumen, si bien la sistematización no es un concepto unívoco, aparece como un tipo de tarea reflexiva, que todos pueden hacer y que al recuperar organizadamente la práctica permite volver a intervenir en ella y en la realidad con mayor eficacia y eficiencia.

Los regímenes políticos latinoamericanos empezaron a generar procesos democráticos - reformas constitucionales y administrativas - y esto abrió las puertas para la participación de mayorías y minorías buscando consensos y concertaciones, respetando los derechos humanos y buscando conformar espacios en los que se dé un grado de convivencia pacífica, solidaria y justa.

Estos cambios y adecuaciones fruto de exigencias internas y externas están marcados por un modelo de democracia política con una dictadura económica neoliberal.

Es en este contexto que, a finales de los 80 y en lo que llevamos de esta década, muchas de las seguridades construidas, que parecían fundarlo y explicarlo todo, se desvanecen.

En algunos sectores crece una profunda desesperanza, descreimiento y desconfianza llevando a que se sienta y experimente una condición de crisis de opciones ético- políticas y de paradigmas o fundamentos raíces.

Esta crisis se expresa en la ruptura de coherencia entre el sentido y la acción, entre la razón ética y la razón política dando rienda suelta a una especie de cinismo que parece acompañar las prácticas sociales, el ejercicio del poder, la praxis política y la acción educativa cultural.

Este contexto lleva a rupturas, a reorganizaciones y a replanteamientos en las propuestas de acción, moviendo además los ámbitos de lectura de las mismas y poniendo en entredicho los puntos de referencia desde donde se realizaban. Es por esto que surgen nuevas propuestas de sistematización.

Hoy tanto prácticas como sistematizaciones asumen marcos

referenciales, direccionalidades y procesos operativos de acuerdo a los sujetos: minorías étnicas, campesinos desplazados por la violencia, culturas juveniles, grupos de mujeres, niños de la calle, reinsertos a la vida civil, organización de venteros ambulantes, movimientos ecológicos, grupos culturales.

Cada sector va desarrollando su práctica, la reflexiona y toma la palabra para trasmitir saberes que habían sido silenciados por discursos homogeneizadores e invisibilizadores de la diversidad y de los múltiples contextos en la que heterogeneidad económica, política, ecológica, social y cultural se soportan y de las relaciones que, entre alteridades, se establecen para legitimar, circular, hacer uso y apropiar conocimientos para la acción social.

Es así como la sistematización empieza a ser reconocida en entidades académicas y gubernamentales, como el procedimiento heurístico que, apelando a la reflexión de la experiencia como fuente de conocimientos sobre prácticas contextuadas, descubre los pedazos de los discursos y de las acciones que habían sido acallados, permitiendo abrir las compuertas que reprimían y concentraban la información sobre las decisiones y operaciones, dejando brotar lo que es posible comprender, comunicar, hacer y sentir.

Un contexto caracterizado por exacerbar la espontaneidad, lo fácil, lo urgente, la liviandad niega a las personas, en especial a los oprimidos y explotados, la posibilidad de adquirir conocimientos que los potencien como sujetos de poder. Por ello la sistematización continúa entendiéndose como dispositivo investigativo, pedagógico, y político.

.

4. LA INTENCIÓN INVESTIGATIVA DE LA 'SE'

La sistematización de Experiencias (SE) se presenta, por lo general, como una alternativa a la investigación tradicionalmente aplicada a los proyectos sociales y educativos.

Del mismo modo, y como una reacción al positivismo predominante, suele presentarse como una respuesta a las insuficiencias de la investigación social predominante al analizar las problemáticas que relevan los proyectos de cambio y de intervención social.

La sistematización, más que una alternativa a la evaluación o a la investigación, constituye una expresión particular de la búsqueda de modalidades de investigación de la acción social en el marco del cambio de paradigma que caracteriza a esta época de fin de siglo.

Se asume que la sistematización como concepto y práctica metodológica no tiene un significado único. Por el contrario, gran parte de su riqueza radica en la diversidad de enfoques que se utilizan y que dan cuenta de la contextualización y sentido práctico que se otorga a la reflexión de la experiencia.

Pese a esta diversidad es posible encontrar supuestos y búsquedas comunes. Entre ellos, y desde el punto de vista epistemológico, aquí se destaca dos aspectos.

El primero, dar cuenta, simultáneamente, de la teoría y de la práctica o, en otras palabras, del saber y del actuar.

Una segunda construir un lenguaje descriptivo propio "desde adentro" de las propias experiencias constituyendo el referencial que le da sentido.

Ambos problemas aluden a complejas discusiones epistemológicas.

En los proyectos que son objeto de la sistematización y en las mismas experiencias de sistematización no se realiza un análisis crítico de la teoría de la acción que subyace en las prácticas observadas. Aquí radica uno de los principales problemas teóricos a resolver.

En la mayor parte de las experiencias educativas la acción social de los sujetos se entiende como un comportamiento derivado de estructuras o de variables anteriores a la acción misma.

Se asume, por ejemplo, que los sujetos actúan de acuerdo a las interpretaciones que tienen de los problemas y según los conocimientos y tipos de información que están al alcance de la mano.

Este énfasis cognitivista entiende el cambio, principalmente, como una transformación en el terreno de los conocimientos, en las interpretaciones y en la información que el sujeto posee.

En consecuencia, la educación y la intervención consistirá en transmitir adecuadamente nuevas interpretaciones para producir los cambios deseados en las prácticas de los sujetos.

La mayor parte de las intervenciones de las instituciones del campo de la educación popular se organiza de acuerdo a esta premisa. En efecto, las diferencias de discursos, de contextos sociales, de problemáticas y métodos de intervención que existen entre Instituciones públicas y privadas se sostienen, en la mayoría de los casos, en el funcionamiento de un mismo principio de organización de la acción social: para producir cambios los actores tienen que interpretar la realidad de una manera diferente.

Las representaciones y las categorías de pensamiento se conciben como principios "apriori" que estructuran la acción de los sujetos. Un cambio en los modos de pensar y en las informaciones que el sujeto posee producirá los cambios deseados. Desde esta perspectiva la transmisión y la enseñanza ocupan un lugar central.

La evidencia empírica de numerosos proyectos educativos en diversos campos de acción social demuestra que el proceso no es tan simple. En efecto, las acciones de las personas y de las organizaciones no cambian como consecuencia automática del aumento de información ni tampoco el proceso educativo funciona como una actividad instructiva y de transmisión vertical de saberes o de representaciones que van de un lado hacia otro.

Los profesionales y beneficiarios al realizar sus interpretaciones no aplican mecánicamente un saber pre-construído. Por el contrario, adecuan sus criterios al contexto y a la situación; anticipan e imaginan las posibilidades de interpretación del otro y cooperan con su interlocutor en la construcción de una racionalidad común que les permite negociar y colaborar de acuerdo a causalidades y formas de pensar plausibles para el otro (Rémy, J.; 1992: 91).

No existe así, el traspaso de un criterio o contenido de un lado a otro, sino que, más bien, un proceso inferencial de interpretaciones recíprocas que adecuan y transforman los contenidos en el mismo acto de comunicación.

De este modo, las categorías de interpretación no tienen una existencia autónoma de las situaciones y de las subjetividades involucradas en la interacción. Estas emergen y se realizan en el mismo curso de la interacción (Doise, W., 1985; 1988).

Desde esta perspectiva las representaciones sociales deben entenderse como un medio de producción de la realidad que realiza el intercambio comunicativo y se tratan de ideas estáticas que desde fuera entran en la cabeza, sino que de significaciones colectivas construidas a través de la práctica comunicativa.

La representación que los sujetos construyen de la realidad no tiene una existencia ontológica propia y ubicada en la mente o conciencia de los individuos a manera de espejo.

La representación se construye y sostiene en la interacción discursiva que el sujeto tiene en los distintos contextos sociales y comunicativos en los cuales participa.

De este modo el estudio de estas interacciones, de los procesos de negociación de sentidos e interpretaciones y de los compromisos que los actores establecen resultan ser clave para describir la intervención social y comprender sus resultados.

En efecto lo que importa no es la información que, aparentemente pasó de un lado a otro, sino lo que ocurrió y se realizó en dicho intercambio gracias a la conversación y al diálogo entre los interactuantes.

En este intercambio intervienen procedimientos de transacción y de negociación a través de los cuales los interlocutores construyen acuerdos y compromisos en torno al objeto o problema que se aborda en la intervención o en la experiencia educativa.

A través de la negociación los sujetos intercambian significados y llegan a acuerdos explícitos. A través, de la transacción, los interlocutores construyen una relación; logran establecer y confirmar una relación social que crea condiciones de reciprocidad y una lógica implicativa donde la argumentación de uno de los actores considera la del otro.

Al definir este nuevo objeto de la sistematización surge rápidamente la pregunta de cómo abordar metodológicamente el problema. Para ello existe respuesta.

Hoy día hay consenso en la necesaria conexión de la sistematización con la investigación social. En efecto, la sistematización más que entenderse como una alternativa que rechaza o niega la investigación define una modalidad particular de investigación cuyo objeto es la acción social. Su preocupación es dar cuenta y describir esta acción.

En esta relación con la investigación ha existido un acercamiento fructífero con los paradigmas interpretativos y de tipo etnográfico. Aquí se han encontrado conceptos y categorías para la descripción e interpretación de las intervenciones sociales y de sus efectos.

Continuando con este tipo de relación es de gran utilidad la perspectiva que proviene de la etnometodología y del análisis conversacional. Esta perspectiva pone especial atención en la descripción e interpretación de los procedimientos que los sujetos emplean para producir organizada y coordinadamente un discurso en una situación comunicativa determinada.

.

5. EL 'COMO' DE LA 'SE' (FUNDAMENTOS)

Para abordar la descripción e interpretación de la acción, la sistematización debe construir puentes con otras tradiciones de investigación tales como la tradición etnográfica y la denominada etnometodología. Aquí se encuentran interesantes aportes que enriquecen el instrumental teórico y metodológico de la sistematización.

En la segunda mitad de la década de los 60 un grupo de sociólogos americanos encabezados por H. Sacks (1984); E. Schegloff (1981); G. Jefferson (1972) -discípulos de H. Garfinkel, y E. Goffman- comienzan a difundir sus estudios sobre conversaciones auténticas abriendo una nueva perspectiva para el análisis de la acción social y del lenguaje en la vida cotidiana. (Para un desarrollo de esta escuela ver: Goodwin, Ch. y Heritage, J. 1990: 283-308.)

El origen de estas preocupaciones, no puede dejar de considerar el debate de los 60 en los Estados Unidos marcado por autores tales como: A. Schutz; L. Wittgenstein; M. Weber y T.Parsons. Los temas en discusión giraban en torno a la teoría de la acción social y a la importancia otorgada a la interpretación y al lenguaje en los sistemas de interacción social (Conein, B. 1983).

E. Goffman y H.Garfinkel, entre otros precursores del enfoque, estaban fuertemente influenciados por Weber y Parsons en cuanto a las concepciones de la acción social. Sin embargo, sostenían que estos autores carecían de métodos rigurosos para describir, precisamente, lo que era su preocupación central: la acción social (Conein, B. 1986).

Pero esta crítica no alude solo a un problema técnico de falta de correspondencia entre los instrumentos de descripción y las acciones observadas. Por el contrario, para estos autores, el problema es más profundo y conceptual.

En efecto, describir una acción supone un tipo de razonamiento o una relación con un sistema de comprensión a través del cual se hace inteligible lo observado (Quéré, L.1985, p.101). Para Garfinkel esta descripción tiene que tener como objeto la organización a través de la cual se produce la acción.

Garfinkel, H., sostiene que los miembros de una sociedad disponen de saberes y métodos para organizar sus interacciones y para actuar en la realidad de un modo ordenado y estructurado.

Entonces, propone el concepto de etnométodos para dar cuenta de estos procedimientos y que los actores emplean para la realización de sus acciones de un modo local y auto-regulado.

Según este autor gracias a estos métodos los sujetos construyen una comprensión mutua, despliegan un razonamiento práctico y coordinan sus acciones sociales. A través de tales métodos y el trabajo interaccional de los actores se construye la realidad y el orden en el cual participan, pese a que esta es percibida como algo preestablecido. (Garfinkel, H. Studies in Ethnomethodology, N. Jersey, 1967; Garfinkel, H. "Sur l'origines du mot 'ethnométhodologie'". In: Arguments ethnométhodologiques. pp.60-70. Citado por Gulich, E)

De este modo, Garfinkel realiza un desplazamiento similar al desarrollado en la filosofía y en la Lingüística por Wittegenstein y Austin. En primer lugar, tal como estos autores se preocupaban del lenguaje ordinario o cotidiano, su preocupación central se dirige a los razonamientos prácticos de la vida cotidiana.

Para Garfinkel la historicidad es una propiedad de lo cotidiano y de la realización de sus actividades ordinarias más que un resultado de la política, del estado o de los grandes conflictos (Quéré, L., 1985, p. 118).

En segundo lugar, su interés no está en las descripciones o en las adaptaciones que los actores realizan a un mundo exterior. Por el contrario, su preocupación es la "realización de la acción" en su mundo de acuerdo a las regulaciones que se autogeneran de un modo interactivo en la misma situación (Conein, B. 1986 op. cit. p.11).

De este modo Garfinkel desarrolla una perspectiva pragmática del sentido y de la racionalidad de la acción y donde el lenguaje mismo se aprehende y se estudia como una actividad práctica que engendra su propio orden (Quéré,L., 1985, p. 130).

Para este enfoque el interés no está en los motivos individuales o en el porqué de las acciones sino, por el contrario, en el cómo se realizan y coordinan estas acciones.

El análisis de las actividades prácticas de los sujetos dará cuenta de las reglas y procedimientos que estos siguen (Coulon, A. 1993, p. 27). Parafraseando a Durkheim este autor dirá que la etnometodología recomienda no tratar los hechos sociales como una cosa sino como acciones, por ello como lo afirma Jesús Ibáñez 1990, las acciones no se pueden estudiar con el propósito de conocerlas, las acciones en tanto acciones no son objetos que se conocen sino comportamientos que se comprenden, una acción no es un objeto, es una acción.

Al considerar la conversación como una estructura que va más allá de la dimensión lingüística lleva a estos autores a focalizar su interés en el sentido común y en los procesos interpretativos a través de los cuales los actores construyen culturalmente sus orientaciones en una conversación determinada.

En efecto, se sostiene que existe un substratum institucionalizado de naturaleza social y cultural en todo proceso interactivo y que alude a reglas, procedimientos y convenciones a través de los cuales los actores ordenan y hacen inteligibles su interacción con los otros (Goodwin, Ch.1990, op. cit. p.283)

El supuesto central es que toda interacción social puede ser comprendida como una actividad convencional o institucionalmente organizada con un propósito y, por ello, puede ser informada en cuanto a su producción.

Para Garfinkel los participantes en una interacción invocan un verdadero orden subyacente para dar sentido a su acción. Este conocimiento o "saber-hacer" es un razonamiento que facilita a los actores a reconocer y actuar en su mundo real de circunstancias, comprender las intenciones y motivaciones de los otros para lograr una comprensión mutua. (Goodwin, Ch.1990, op. cit. p.285)

Para este autor el razonamiento práctico cotidiano es el fundamento de toda acción humana y debe centrar la observación del investigador.

El análisis de este enfoque debe tomar en cuenta dos aspectos centrales.

Por un lado, el análisis propiamente tal de la acción social y de los procesos de interacción y, por otro, el aporte que este tipo de análisis realiza para la comprensión del orden social.

La mayor parte de los estudios iniciales, y sobre todo los de la escuela norteamericana, se concentraron en las conversaciones naturales o auténticas. Es decir, aquellas en las cuales los turnos de palabra no están predeterminados y que llevan a los interlocutores a organizar su interacción de un modo local y al interior de la situación. Para los precursores del enfoque la idea de organización endógena y autorregulada de la actividad social y de la conversación es algo central.

Sin embargo, el desarrollo de la investigación reciente concluye que es muy difícil aislar una secuencia de acciones del contexto al cual pertenece y de una serie de reglas, normas o de rituales que se invocan para explicar la regularidad y tipicidad de numerosas secuencias de interacción. Al mismo tiempo, también se ha demostrado, que al interior de estas restricciones hay negociaciones y transacciones que inciden tanto en el sentido como en la organización de la conversación.

De este modo, la estructuración de la conversación como actividad social se arraiga no solo en las propiedades lexicales, semánticas y sintácticas, sino que también en las características y propiedades de las interacciones que la constituyen en términos de sus propósitos. (Quéré, L. 1987, op. cit.; Rémy, J., 1992, op. cit.; Zimmerman, D.,1978; Conein, B., 1983).

Garfinkel cuestiona el planteamiento de Parsons que hace depender la acción social de estructuras de elección que son interiorizadas a través de la socialización. (Para un análisis de las relaciones entre Garfinkel y Parsons ver: Williams, G., Sociolinguistics. London, Routdlege, 1992. -sobre todo capítulo sobre Análisis Conversacional pp. 148-172.-).

Desde este enfoque se desprende que los actores se desenvuelven de acuerdo a disposiciones aprendidas sin desempeñar un rol reflexivo o crítico frente a las estructuras normativas. La acción, como señala Rémy, se explica por el pasado y a la que personalmente le agrego que se comprende por su propósito.

Para este enfoque, una secuencia de acciones tendrá un orden, tal como lo tienen las palabras en una frase. Por ello pondrán una atención particular en la estructura de la conversación, asociada, a la organización y procedimientos conversacionales y locales para realizar dichas acciones.

Para Garfinkel los hechos sociales no son cosas, sino que acciones y que se llevan a cabo de acuerdo a reglas organizadas localmente.

Los planteamientos de esta tradición son de gran utilidad para nuestras preocupaciones en el campo de la sistematización. El lenguaje descriptivo de la acción y la recuperación de las interpretaciones y de los métodos de producción de sentidos y de coordinación de acción que se producen en la acción misma son claves para comprender y comunicar un a práctica.

Los proyectos de intervención producen cambios en las prácticas por medio de un cambio en las interacciones y representaciones de problema. Hasta ahora los estudios y análisis han estado centrados sólo en la dimensión cognitiva concibiendo el acto pedagógico como un acto de transmisión de información y saberes. Para conocer los resultados y describir los procesos se ha recurrido a un análisis de los discursos de los actores involucrados.

La experiencia práctica demuestra que estos procesos no son lineales ni simples. Aún más la transmisión suele tener "ruidos" y los beneficiarios terminan por interpretar y dar sentido a los problemas y a los proyectos de acuerdo a sus propias historias y vivencias. La relación educativa suele ser conflictiva y se caracteriza por la confrontación y negociación de interpretaciones.

El cambio en los proyectos sociales, más que por un convencimiento racional y argumentativo parece relacionarse con la calidad de la interacción y con las características y procedimientos empleados en las negociaciones que ocurren. La descripción de la acción y de sus resultados se hace más complejo y obliga a poner la mirada sobre el momento de interacción propiamente como tal. Momento que reúne la acción y el discurso en una sola unidad.

Es así que en la Sistematización de Experiencias se estudian factores como, por ejemplo; las interacciones, los resultados, las estrategias, las negociaciones, las interpretaciones, las coordinaciones, las acciones, y los discursos, de los protagonistas, los observadores (externos) y los participantes, etc.

6 EL PROPÓSITO DE LA 'SE'

La sistematización como método existen diversos enfoques y el enfoque que se adopta en esta propuesta es el enfoque dialógico e interactivo.

Según Enfoque dialógico e interactivo:

La experiencia es entendida como espacios de interacción, comunicación y de relación; pudiendo ser leídas desde el lenguaje que se habla y en las relaciones sociales que se establecen en estos contextos.

Tiene importancia, en este enfoque el construir conocimiento a partir de los referentes externos e internos que permiten tematizar las áreas problemáticas expresadas en los procesos conversacionales que se dan en toda práctica social.

Las claves son: reconocer toda acción como un espacio dialógico, relacionar diálogo y contexto, o sea introducir el problema del poder y de los dispositivos comunicativos de control, reconociendo en las diferentes situaciones los elementos que organizan, coordinan y condicionan la interacción (Martinic S. "La construcción dialógica de saberes en contextos de educación popular" en Aportes 46, Bogotá, Dimed, 1996).

En sistematizaciones desarrolladas desde esta perspectiva suelen utilizarse, también categorías como: unidades de contexto, núcleos temáticos, perspectivas del actor, categorías de actor, unidades de sentido, mediaciones cognitivas y estructurales.

Las sistematizaciones son procesos que develan identidades e intereses diferenciados, lógicas de intervención diversas y hasta contradictorias sobre las realidades sociales; por consiguiente, reconocen teórica y metodológicamente el pluralismo, la provisionalidad, el disenso y el diferendo, retomando, recreando y re-contextualizando las potencialidades críticas de cada experiencia.

Frente a lo anterior en muchos surge la pregunta; ¿entonces, sistematización para qué?

¿Para reencontrar la unidad perdida entre campos irreductibles como son, entre otros: las diferentes formas de vida, de racionalidad, de legitimidad, de estéticas; de configuración de las relaciones de poder?

¿para construir discursos con pretensiones de validez universal?... O.

¿para reconocer, potenciar y generar más diversidad?

El común denominador de la sistematización de experiencias es para develar conocimiento practicado, sistematizarlo, organizarlo, formularlo de manera ordenada, y poder replicarlo, preservarlo y consultarlo como un recurso que conduzca a nuevas (mejores y más efectivas) prácticas y realidades.

Los procesos de sistematización sin duda parten de prácticas singulares, dando cuenta, comprendiendo, expresando y re-informando sus matices práxicos, axiológicos y simbólico-culturales.

El desafío está en la construcción de lo colectivo desde múltiples lugares, ubicando las diferencias como elementos centrales y constitutivos, del pensar, del ser y del hacer social desde acuerdos, articulaciones y responsabilidades colectivas que son necesarias para reconfigurar sujetos sociales solidarios capaces de abrir caminos realmente democráticos.

Asumiendo lo anterior los procesos de sistematización sólo podrían pensarse desde la construcción de identidades alternativas, desenmascarando cualquier intento que busque caer en nuevas negaciones o repetir viejas exclusiones.

Los productos de la recuperación, tematización, comprensión y comunicación son conocimientos, saberes, mensajes, contenidos y valoraciones que van creando conjuntos de resonancia, mapas de sentidos y prácticas, redes y rizomas en los que se reconocen las pluralidades y se conectan sujetos y colectivos.

En nuestros días, necesitamos pensar la sistematización en el marco paradigmático de las redes. La red se constituye en el ámbito privilegiado de recreación conceptual, de generación de interrogantes, de producción y circulación de conocimientos sobre la práctica, de recreación cultural, política, económica y, en general, de la vida cotidiana de los "ciudadanos".

La red como ámbito permite el encuentro y la recuperación de las identidades, valorando la diversidad y las diferencias.

Hoy por hoy, en los escenarios actuales y en los que se perfilan hacia el próximo milenio, las redes reales/virtuales son y serán los espacios de legitimación de lo producido en procesos de sistematización.

El reto es pensar y hacer sistematizaciones ubicadas en puntos reales/virtuales de intersección, de tránsito, de encuentro; en los que sea posible la construcción de vínculos que vayan, técnica e ideológicamente, más allá de los existentes y que tengan la potencia suficiente para recrear los ámbitos, develar nuevos procesos y practicas exitosas, así como capacidades y las actitudes que configuren sujetos solidarios en la acción política, económica, ecológica y cultural. (Algunas de las ideas que en el anterior apartado fueron enunciadas en Medellín, por la Funlam en agosto 11 de agosto de 1998.)

.

7 QUE ES SISTEMATIZAR UNA EXPERIENCIA?

Actualmente la investigación cualitativa ha tomado fuerza y empuje en las ciencias sociales. La Sistematización de Experiencias (SE) como modelo consiste en estudiar sistemáticamente la realidad y a su vez crear conocimiento aplicable. La SE aquí formulada incluye metodológicamente estos dos aspectos: crear conocimiento y generar modelos para replicar el cambio.

La práctica se sistematización de experiencias involucra sistematizar procesos de información, participación, gestión, organización, investigación, y planeación, dados en una experiencia en concreto.

Consiste en la construcción de conocimiento a partir de la recolección, ordenamiento y clasificación de la información según algún problema tratado a desde una experiencia de modo que se presente de manera descriptiva, coherente, y organizada la práctica interrogada.

Se busca reconstruir la experiencia, para verla de nuevo, contemplarla con una actitud cuestiónate, es decir, se busca llevar la experiencia al campo del lenguaje develando sus significaciones, orientaciones y pautas en términos de un análisis interpretativo.

De este modo se toman los datos históricos y fácticos denotados en actividades y acciones ocurridas además de sus respectivas interpretaciones por parte de quien la viven.

Se pretende entonces tomar los datos, las informaciones, imágenes, vivencias, historias y formas de vida desde lo registrado por la conciencia e inconsciencia de quienes participan de la experiencia en cuestión, con el único propósito de retroalimentar la experiencia y servir de referencia metodológica para otros proyectos parecidos.

Para sistematizar una experiencia se requiere tener una visión e intencionalidad clara acerca de la concepción global de un proyecto, así como una clara concepción de sistematización asumida.

Lo anterior implica contar con definiciones claras respecto a sustentos teóricos y sustentos metodológicos, para así, producir conocimiento que se caracterizará por ser singular y particular, limitado en un contexto de validez según las condiciones en que se desarrolla la experiencia misma.

Es entonces una reconstrucción crítica con información recolectada que pretende elaborar explicaciones a interrogantes o hipótesis.

En general lo que se hace es registrar, ordenar y socializar una experiencia con la información que brindan sus acontecimientos tomando como fuentes las fotos, los videos, las narraciones, y las actividades registradas, buscando recuperar la memoria y describir el proceso.

Toda acción es susceptible de ser sistematizada, ya sea en las prácticas de la cotidianidad, en prácticas comunitarias, institucionales o barriales, sea una experiencia pedagógica, con actividades planeadas o en hechos inesperados e impredecibles.

En una experiencia de educación no formal se tiene en cuenta sistematizar las actividades de enseñanza (selección de contenidos-currículo-innovaciones-acciones lúdicas-acciones deportivas), las actividades comunitarias (reuniones-talleres-encuentros-intervenciones barriales), las actividades pedagógicas (talleres pedagógicos-asesorías-encuentros) y las actividades administrativas (reuniones y gestión) que posibilitan su funcionamiento.

También se tienen en cuenta para sistematizar los documentos como proyectos escritos, libros de registros, diarios de observación, diarios personales, e informes.

Con todo lo anterior se pretende recuperar un saber oculto, develarlo de manera reflexiva, como resultado se elaboran documentos consistentes en gráficas visuales y textos que informan de manera descriptiva la experiencia.

La Sistematización de experiencias se hace en diversos niveles estructurales de una organización y en todas las articulaciones funcionales y estructurales de la misma de modo que se logre conformar un marco interpretativo que de orden el en tiempo y en el espacio, es ordenar la práctica existente para ser denotada, implica la objetivación de un modo de ver y hacer en los límites de una determinada realidad, busca variar el curso de la realidad para configurar nuevas realidades con experiencias dirigidas reflexivamente y recuperadas teóricamente, de este modo organizar una práctica en el marco de un proyecto es sistematizarla.

Evaluar y sistematizar son dos cosas distintas en sus pretensiones, pero igual en su forma teniendo en cuenta distintos objetos, espacios, tiempos, dimensiones y contextos.

La función de la sistematización debe hacer énfasis en el trabajo cultural, en la realidad del barrio en la situación de los padres y la organización del vecindario.

Aquí los protagonistas asumen un ejercicio de recuperación de información más ordenada, consiente, intencional.

Se busca que alcancen una visualización global y totalizante de la innovación de la que han participado con la formulación explicita de su proyecto pedagógico, ya que él mismo genera articulación de intencionalidades que a su vez, articulan coherentemente las diversas acciones de la experiencia orientando su implementación.

Los sujetos que van a hacer la sistematización son los mismos que participan de la experiencia. Así, el proyecto se constituye con los participantes, el colectivo asume recuperar la experiencia con una clara intención. Los mismos participantes sistematizan junto con un equipo de coordinadores.

En la elaboración del proceso de sistematización, se ordena y se describe el conjunto de interpretaciones y narraciones y en un segundo momento se reflexiona y explica.

Inicialmente se formula un objetivo de sistematización desde el cual se enuncian hipótesis y preguntas (que establecen la necesidad de ordenar y describir) que servirán para   establecen las categorías de análisis y según estas hacer un proceso de registro para así pasar a un segundo momento de reflexión y explicación.

Es necesario registrar aspectos como los planteados en líneas anteriores, indicando con ello la necesidad de escoger y utilizar instrumentos de registro que deberán documentar el proceso de acción pasándolo a un lenguaje público.

Para ello se debe asignar momentos y espacios creando un cronograma indicando en él, el tiempo de las reuniones, talleres, encuentros, entrevistas, charlas, etc.

El registro servirá para caracterizar la necesidad, identificar las necesidades recurrentes, identificar estructuras y procesos estables y dar respuesta con claridad a las preguntas.

Con la información obtenida se clasifica y ordena, teniendo en cuenta las categorías formuladas e inclusive estableciendo nuevas si es el caso, todo con el propósito de descubrir relaciones, describirlas y comunicarlas.

Las categorías actuarán entonces como indicadores en la clarificación de la información y serán importantes en la determinación de relaciones, sirviendo para estructurar la reconstrucción descriptiva del objeto de la sistematización.

Como resumen, la sistematización lo componen una serie de pasos de construcción de datos de categorías e interpretaciones que logran buscar información y responder las preguntas formuladas en un marco de análisis mayor, dicho procedimiento se usa según el propósito, objetivo y ámbito de trabajo; sea para apoyar programas de organización, evaluación, explicación y educación o como una herramienta de trabajo.

Con la sistematización de experiencias se cuestiona la naturaleza, característica, y resultados de las acciones por parte de los actores que intervienen en la experiencia, entrenándolos para el proceso, enfrentándolos a problemas concretos, tiempos específicos y comunicándolos entre si, permitiendo que escuchen, hablen e interpreten su propia participación.

Con respecto a la producción de conocimiento lo que se hace es recuperar y reflexionar de manera crítica las prácticas innovadoras, con lo cual se amplían los marcos de acción y comprensión de la experiencia, generando procesos de socialización y validación que se implementan con un modelo creado con el colectivo, delimitado a una región del proyecto que requiere sistematizarse para lograr generar información que logre nutrir la acción.

Con lo anterior crear conocimiento implica seguir una serie de momentos de trabajo, los cuales inician con la identificación de aspectos constitutivos de la experiencia ya sean antecedentes, objetivos, ubicación, marco teórico, organización, etc.

Le sigue la recolección y ordenamiento de la información por temas y años (planeaciones, evaluaciones, informes, estadísticas, actas, testimonios).

El siguiente paso es lograr describir y analizar los datos por aspectos en su desarrollo histórico. Seguido de las relaciones entre los diferentes aspectos para complementar la información y afirmar estructural legando así a una contrastación y ajustes realizados por el equipo de trabajo.

Una vez alcanzado este punto, se analiza y discute la problemática global, se reelabora y actualiza la temática con todo el equipo para lograr apreciaciones sucesivas y enriquecimientos con todos los participantes.

Finalmente podemos resumir el proceso en los siguientes pasos:

1.Se recoge y clasifica la información que se tiene hasta el momento.

2.Se reconfigura y estructura el marco teórico.
-Estructuración de preguntas
-Estructuración de problemas.
-Estructuración de hipótesis de trabajo.

3.Se elabora un análisis y confrontación a partir de las relaciones establecidas.

4.Se elabora un texto a fin de socializar el conocimiento producido y la dinámica de la experiencia.

8 INTRODUCCIÓN A LA PROPUESTA PARA SISTEMATIZAR EXPERIENCIAS

Modelos

El modelo de sistematización de experiencia (SE) que propongo fue basado en la combinación de 5 modelos que García 1991 presento en su libro El espejo del maestro innovador dita CEPECS 1991.CINDE.

La propuesta de método de sistematización a desarrollar que propongo se organiza en una serie de momentos que, sin ser estrictamente sucesivos en términos cronológicos (muchas veces se va y viene en ellos), dan cuenta de una lógica de "procesamiento" de la práctica para extraer de ella los conocimientos que oculta.

Antes de presentar la propuesta como tal, el presente capitulo se presenta a modo de información un resumen de cada una de ellas. Debido a que la intención es presentar un nuevo modelo de SE aquí solo se presenta un resumen visual de cada modelo consultado (los modelos consultados no se desarrollan, más información sobre ellos en García 1991 en su libro El espejo del maestro innovador dita CEPECS 1991.CINDE, Bogotá Colombia.)

El primer modelo es el formulado como extracción de conocimientos de la experiencia (propio de las iniciativas para sistematizar experiencias educativas).

El primer modelo es el formulado como extracción de conocimientos de la experiencia. - Modelo 1

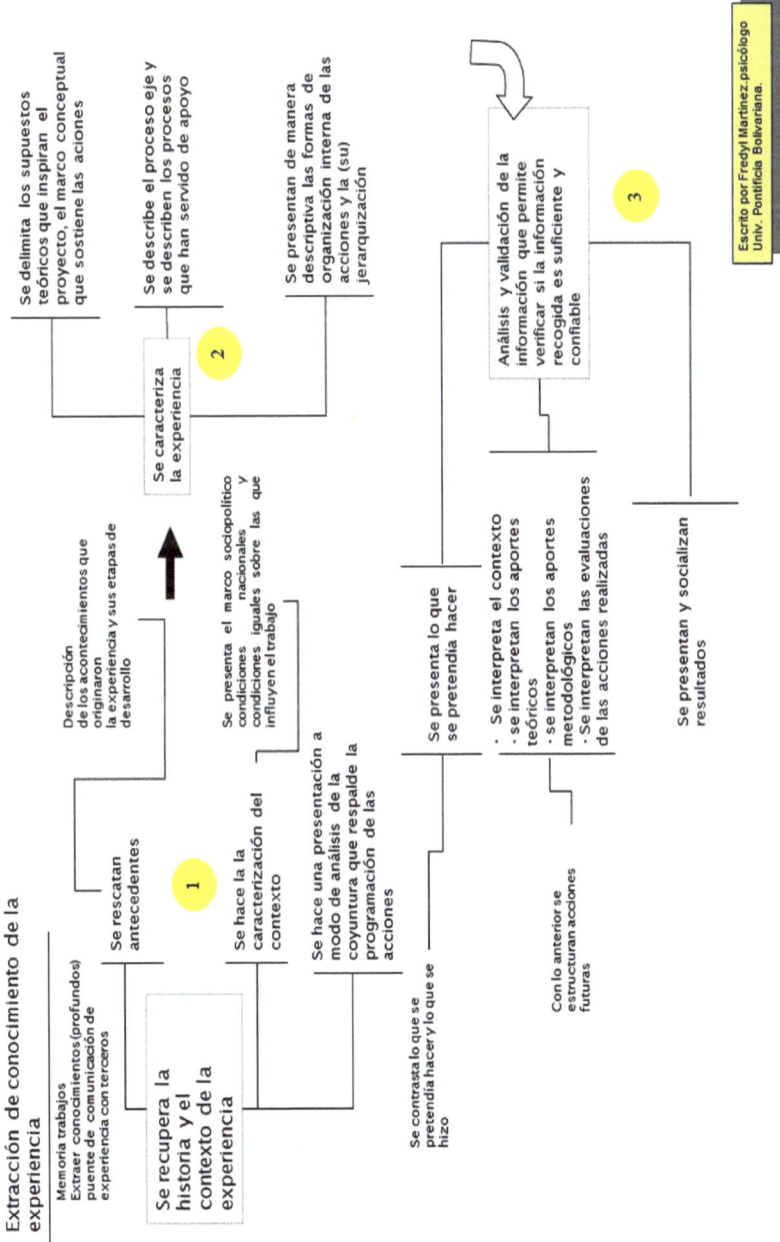

El segundo modelo es el formulado por la CEAAL, - Modelo 2

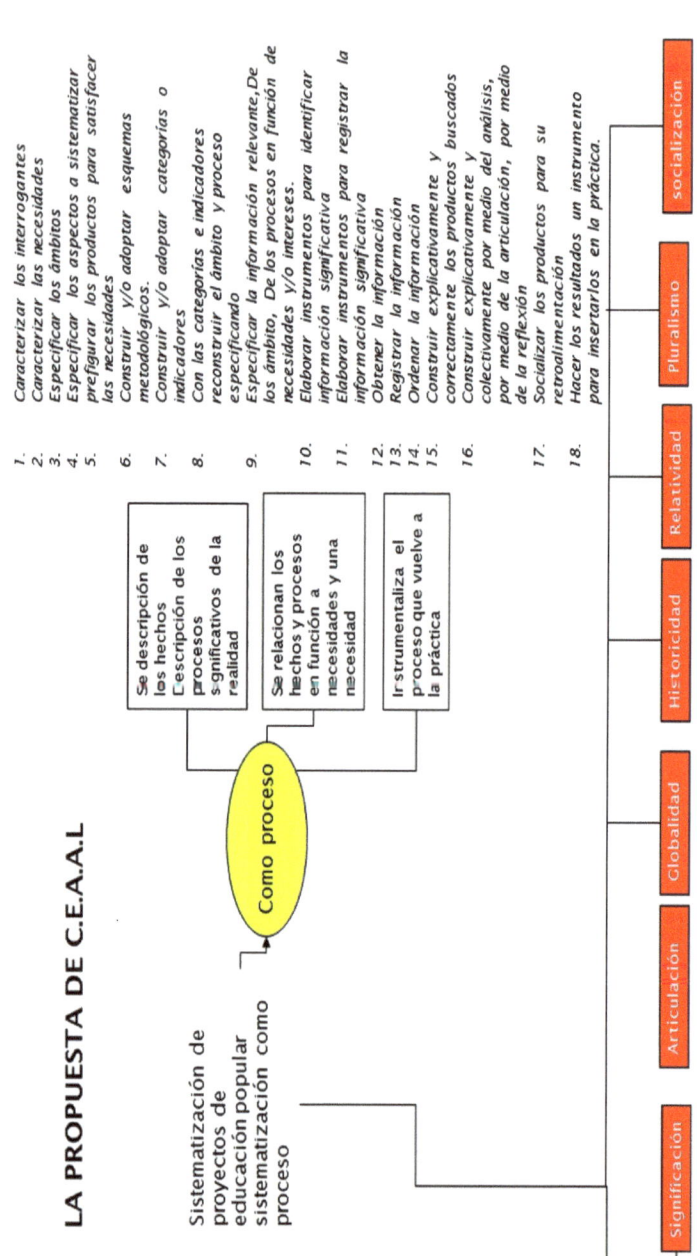

El tercer modelo es el formulado por Carlos Restrepo - Modelo 3

Sistematización

PASOS
Propuesta por Carlos Restrepo
(Como Dimención teórica)

1. Definir las dimenciones De la experiencia-ejes temáticos, procesos A sistematizar.
2. Presisar los objetivos específicos
3. Confeccionar el marco de análisis.
4. Registrar la información
5. Ordenar la información de acuerdo Con las etapas yo fases de la experiencia
6. Caracterizar las fases
7. Construir explicacionesQue reconstruyan el proceso.
8. Determinar los cambios a introducir en el proceso

Escrito por Fredyl Martinez psicólogo Univ. Pontificia Bolivariana.

INSTRUMENTOS

Para registrar.
✓Diario de campo
✓Guias
✓Fichero

Para orientar la reflexion-
Perspectiva desde donde se hace la interpretación:
✓Conceptos
✓Categorias

Para diseñar procedimientos
✓Caracterizando pasos
✓Asignando roles
✓Asignando responsabilidades
✓Niveles de participacion

REQUISITOS

1. Una experiencia que se este desarrollando.
2. Registro de la experiencia en desarrollo.
3. Recolección de la información de la experiencia en desarrollo.
4. Tener un marco de análisis para interpretar y reflxionar la experiencia.
5. Diseñar un procedimiento para el trabajo.
6. Crear espacios y momentos para la reflexión sistemática.
7. Nombrar un equipo responsable de la tarea de sistematización.
8. Capacitar en tareas requeridas por la sistematización.

El cuarto modelo es propuesto por Rondón Jesús en su modelo sistémico de evaluación de programas de innovación educativa. (Rondón Jesús. Modelo sistémico de evaluación de programas de innovación educativa (mosepie)..edit.CINTERPLAN.Caracas. venezuela.1993. - Modelo 4.

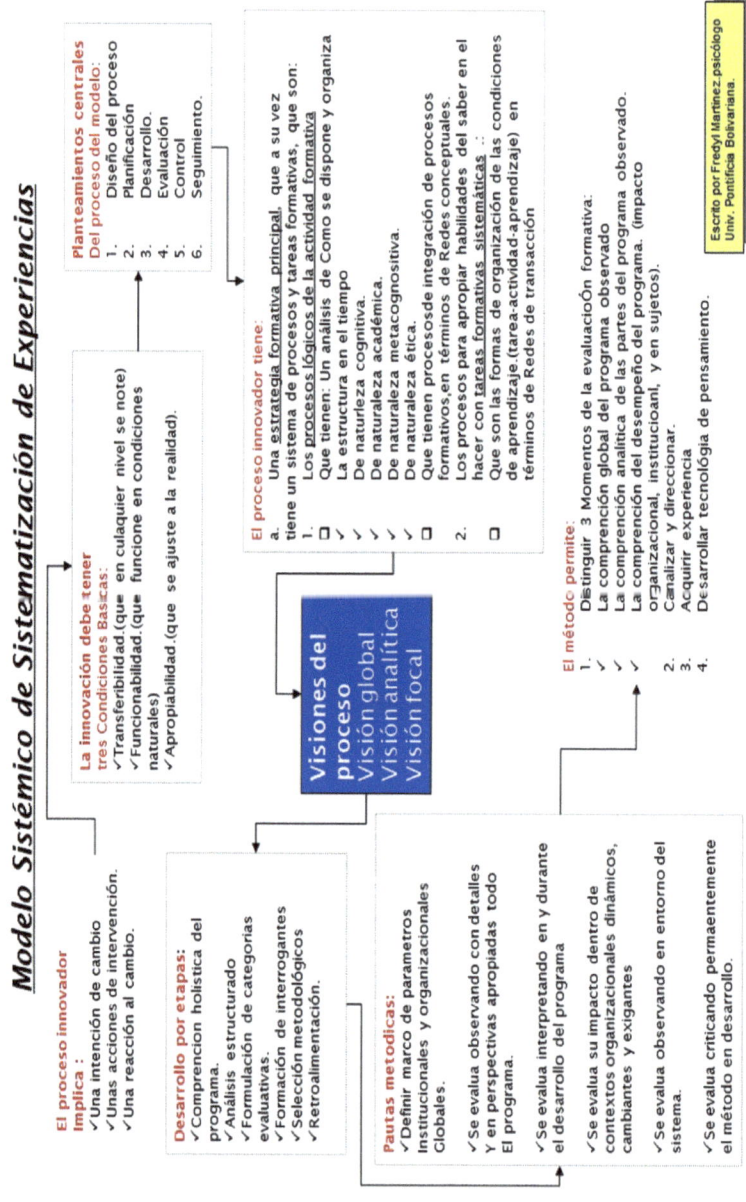

Modelo Sistémico de Sistematización de Experiencias

Segunda parte del modelo sistémico. Propuesto por Rondón Jesús en su modelo sistémico de evaluación de programas de innovación educativa. - Modelo 4a

VISIÓN GLOBAL

VISION ANALITICA (Metodo de Análisis Sistémico)
Se maneja el pensamiento sistémico
En torno al problema como conjunción sistémica de procesos constituidos Por niveles de complejidad y actitudes estratégicas)

Análisis estructurado	Formulación de categorías Evaluativas

VISIÓN FOCAL

Formación Se mira el efecto
De hipótesis interrogantes e impacto en dos niveles Selección metodológicas
-Se crea una lluvia de hipótesis o interrogantes de trabajo para sacar de alli las categorías evaluativas.
-Se selecciona el instrumental metodológico más adecuado a las hipótesis planteadas.
-Se optienen resultados puntuales.

Escrito por Fredyl Martinez, psicólogo Univ. Pontificia Bolivariana.

Inicio de procesos de observación Fina.

Análisis Estructurado del Programa
-Identificación de estadios diferenciados e interdependientes, ruptura del proceso en partes constitutivas.
-Busqueda-identificación de redes conceptuales
-Busqueda-identificación de transacciones fundamentales
-Busqueda-identificación de marcos de referencia para formar categorias para el análisis y clasificación de la información en cada estadio.
--categorización e-interrelación de información en cada estadio.
-Graficación del flujo de actividades en cada estadio.
-Revelar la naturaleza y estructura de la experiencias formativas del programa en cada estadio.
-Revelar debilidades yfortalezas que inciden en el desempeño y estrategias formativas (nudos críticos)
-interrelación comprensiva y crítica de los aspectos críticos anteriores

Formulación de categorías evaluativas del proceso formativo (condiciones, exigensias, expectativas) y sus condiciones de aprendizaje (programas, proyectos, procesos formativos).en:
-Areas de mayor significación conceptual.
-Seleccionando metodologías, instrumentos, y actividades a desarrollar apropiadas.
-Articulando las necesidades del solicitante con las estrategias evaluativas.
-Apoyando la estructura y consolidación de los procesos.
-Contrucción y manejo de un lenguaje conceptual en común
-Caracterización de los componentes de informaciones del programa formulando categorías.
-Seleccionar informaciones que capturen el sentido y el significado global del propocito invovador es el proceso de categorización.
-Cada categoria debe relacionar, inclusiva, conceptual, Jerárquica y referencialmente la información.
-Direccionar y concentrar la categorización en areas de mayor significación conceptual, funcional y operativa del programa.
-Dependiendo de la categoría se selecciona apropiadamente la metodología, los instrumentos y las Actividades a desarrollar.

Nivel contextual Organizacional
Se elabora con las categorias un amplio espectro de interrogantes o hipótesis de trabajo en los niveles de.
1. Congruencia(conceptos-objetivos-comportamientos-transacciones)
2. Viabilidad(equilibrio entre (fines-condiciones-yobjetivos)
3. Integración(encuanto la relación (objetivos-material instruccional-tiempos)
4. Pertinencia (en aspectos como: objetivos-sist.habilidades-necesidades entorno)
Con las hipotesis anteriores se selecciona el instrumental (enfoque cualitativo-cuantitativo) metodológico y finalmente se optienen resultados puntuales
1. Identificando discrepancias entre el deber ser y el ser y la realidad organizacional.
2. Bienes recibidos a favor
3. Cambios ocurridos a nivel conductual y actitudinal
4. A cada hipótesis o grupo de hipótesis se corespondera un desill. Metodológico.
5. Detecta y describe situaciones problema, predice los efectos yo consecuencias
6. Diferenciando los resultados de la programación y el impacto de la programación.
De cursos de acción, evalua acciones en desarrollo y prescribe yo recomienda acciones
Monitoreo: observación y descripción de los cambios entre.
-Las acciones de intervención-resultados e impactos esp.
-Las expectivas de intervención-calidad y cantidad de recursos disponibles.
-Las acciones de intervención-la eficencia y eficacia en el manejo de los recursos.
-Las acciones de intervención-coherencia y pertinencia de la acción.
Predicción: (análisis comparativo, análisis insumo-producto, tecnicas delphy, análisis de impacto, estudios de correlación).
-De las posibles consecuencias de las acciones normativas del programa.(normativo)
-De los cursos alternativos de la praxis, las acciones tacticas.(estratégico)
-De los efectos globales y particualres a mediano y largo plazo de los cursos de accion tactica.(tactico).
Proactivo(valoración de las acciones de intervención):cursos posibles de acción según:
Efectividad(la selección de un curso de acción garantiza el logro De los efectos esperados.(Racionalidad tecnica)
Eficiencia: recomendar y seleccionar un curso de acción de acuerdo al volumen en de esfuerzo(tecnico-financiero-humano) requerido para lograr determinados resultados.(Racionalidad económica).
Conguencia.criterio que relaciona los niveles de eficiencia y efectividad de un curso de acción y los requerimientos de necesidad, valor u oportunidad que plantea su selección.(Racionalidad política).
Equidad(expeditivas de carácter Ético y social, respecto de la distrobucioón de los efectos y esfuerzos organizacionales entre los diferentes grupos de una sociedad-los efectos se distribuyen con sentido de justicia entre diferentes grupos sociales.(racionalidad política).
Pertinencia:nivel de acople entre el curso de acciones con la realidad organizacional en términos de necesidades, intereses y valores.
Nivel del usuario objetivo

Comprensión Holistica del programa

Intereses y Propósitos Evaluativos de la Organización
Definición Propósitos Intencionalidad Y objetivos Del programa a evaluar.

-Identificación de la Razón y el propócito Institucional del programa.
-Identificación de las fuentes de Información
-Diseño de intrums para el acopio y procesamiento de la información
-Diseño y desarrollo de instrumentos de investigación.

Escenario esperado
Escenario real
Escenario posible

Control predictivo   **Control proactivo**

Efectividad Eficiencia
Congruencia equidad

9 . UN NUEVO MODELO PARA SISTEMATIZAR EXPERIENCIAS

Modelo integral para sistematizar experiencias. Resumo a continuación de modo lógico y secuencial como realizar una sistematización de experiencias.

El modelo contiene las siguientes características.
-Ser una práctica ordenadora,
-Ser un proceso prescriptivo,
-Ser una herramienta para recuperación de la experiencia, y
-Ser un modelo sistémico
- Además de ser una práctica que produce saber

Con los anteriores insumos conceptuales (capitulo anterior) me dedique a la tarea de construir un modelo que fuera extenso e integral para adelantar procesos de S.E.

Modelo integral para sistematizar experiencias está divido en momentos para llevarlo a cabo, debo aclarar que como fundamento epistemológico del método en su aspecto cualitativo retomo lo propuesto por Fernando Conde 1995 acerca de los procesos e instancias de reducción/ formalización de la Multidimencionalidad de lo real (Procesos de Institucionalización – Reificación social en la praxis de la investigación social. De la in-nominación a la de-nominación).

En dicho texto, Fernando Conde 1995, propone que al describir e interpretar, la realidad se reduce y ordena en la misma medida que se nombra. Dicho proceso va desde de la idea, al pensamiento, del pensamiento a la palabra, de la palabra a lo verbalizado, y de lo verbalizado, a lo escrito.

9.1 Etapa primera: Visión Global

Con lo anterior formulo el siguiente proceso de investigación en sus respectivos momentos:

La visión Global

1. Un primer momento, que se constituye en el punto de partida indispensable para todo proceso de sistematización, es obtener una visión global:

    o En esta etapa es indispensable que quienes van a participar en el proceso de sistematización expliciten sus intereses, los debatan y negocien, para llegar a acuerdos que permitan que todos los involucrados tengan claro qué van a hacer, para qué, cuál es el producto que esperan lograr y cuál será su utilidad.

    o Ello es especialmente importante dado que la sistematización, como la intervención, es una actividad colectiva; un ejercicio individual empobrece las posibilidades de producción de conocimientos en la medida que reduce a la mirada de un actor lo que fue un proceso complejo y multidimensional.

    o Esta unificación de criterios incluye la definición de los ejes de contenido y procedimientos que se usarán para realizar la sistematización – de manera panorámica-, así como la apropiación, de parte de los sistematizadores, de algunas herramientas básicas que permitirán desarrollarla.

    o Todo esto suele necesitar de un apoyo externo, en la medida que el interés inicial y primario por sistematizar muchas veces carece de contenidos claros, expresando más bien la preocupación por la "pérdida" de la experiencia acumulada, de la riqueza de lo que se ha ido aprendiendo en la práctica.

    o En ese sentido, el interés por la comunicación está siempre presente, y es muy conveniente que se explicite desde este momento inicial del proceso de sistematización, negociando y definiendo las características del producto esperado y de sus destinatarios, así como las modalidades de difusión que se usarán. se define con precisión qué se va a sistematizar.

o Esto significa construir un primer ordenamiento de la experiencia una primera mirada que la extrae del campo de la vivencia para trasladarla al campo del conocimiento.

o La experiencia siempre se presenta inicialmente de manera confusa. Quienes han participado en ella muchas veces no están en condiciones de comprender exactamente lo que sucedió durante su curso, ni las causas por las cuales pasó así.

o En esa medida, les es muy difícil relatarla ordenadamente. Menos aún están en condiciones de dar cuenta de los aprendizajes obtenidos de manera organizada y, especialmente, de fundamentarlos.

o Trasladar la experiencia del campo de la vivencia al campo del conocimiento requiere que quienes van a sistematizar definan qué quieren saber sobre ella.

o Aunque parece sencillo, identificar los conocimientos que se espera obtener mediante la sistematización no es tarea fácil, precisamente porque requiere el desarrollo de complejos procesos mentales.

o Un instrumento que ha probado su utilidad para facilitar este traslado es el diseño de un proyecto de sistematización. A través de sucesivas aproximaciones, quienes van a sistematizar realizan los siguientes procesos:

  • Un primer ordenamiento de aquello que se quiere sistematizar; por lo general se empieza relatando el proyecto en su conjunto, para luego identificar algún aspecto o dimensión en el que interesa centrarse.

  • La selección de un tema o eje que da cuenta de aquello que se busca conocer.

- El cuestionamiento o formulación de una pregunta que expresa lo más claramente posible qué se quiere conocer con relación al tema y a la dimensión de la experiencia vivida que se ha elegido.

- En la pregunta-eje está la clave del proceso de producción de conocimientos: sólo si se la ha formulado la sistematización logra producir algo nuevo y superar lo ya sabido. Su definición muestra que la experiencia ha transitado exitosamente desde la vivencia al campo del conocimiento.

o Este momento del proceso también es complejo porque requiere realizar una primera identificación de los elementos que conforman la experiencia.

o Es necesario dividir la totalidad, sin perder de vista que la dimensión elegida forma parte de ella y que no se la podría comprender cabalmente sin referirla al conjunto.

o En ese sentido, el diseño del proyecto permite explicitar las complejidades tanto de la experiencia como de su sistematización: las relaciones entre la totalidad y el aspecto seleccionado, lo que incluye los sentidos últimos de la acción, los objetivos e intenciones que se buscaba alcanzar con la intervención concreta y su coherencia con las apuestas éticas y políticas; las relaciones entre la racionalidad de los sistematizadores -incluyendo tanto los aspectos teóricos como aquellos ideológicos y subjetivos- y la integralidad de la experiencia, en tanto producto de la acción de diversos actores; las relaciones entre los procesos objetivos y las subjetividades en juego en la experiencia y su sistematización.

o Pero el proyecto de sistematización cumple también con otras funciones importantes: permite formalizar los acuerdos a los que se ha llegado en la negociación de intereses, traduciéndolos en objetivos comunes; a la vez, acordar los aspectos metodológicos y operativos, culminando en un plan de trabajo que facilita la asignación de tiempos y recursos para desarrollar el proceso.

o   En esta etapa, se espera recoger de manera descriptiva toda la información acerca de la experiencia.

o   El proceso descriptivo implica (como lo define CONDE) adelantar todo un proceso de in-nominación de los datos para poder establecer categorías próximas con las que a su vez se pueden sub-categorizar y establecer finalmente las categorías de investigación – para luego relacionar- por otro lado, y al mismo tiempo unificar criterios con relación a la manera en que se la concibe y lo que se espera lograr con ella.

9.2. Segunda Etapa: Visión analítica

Un segundo momento, que se basa en el anterior, es establecer una visión de trabajo analítica.

Visión analítica:

* Consiste en relacionar las categorías implicando un análisis de la información que ha sido codificada estableciendo relaciones diacrónicas y sincrónicas que permitan comprender la experiencia por medio de interpretaciones y mapas de relación, se espera que comparando las categorías in-nominadas con las categorías denominadas obtenidas de los ejes se formulen hipótesis acerca de la experiencia.

* La Visión analítica resulta siendo uno de los más complejos en el proceso de sistematización: se trata del análisis e interpretación de lo sucedido en la experiencia para comprenderlo.

* Este es, en consecuencia, el momento privilegiado en la producción de conocimientos nuevos sobre la experiencia y, a la vez, el que resulta más difícil de transitar para los sistematizadores.

* Este momento exige descomponer la experiencia (la totalidad) en los elementos que la constituyen, identificar las relaciones que existieron entre ellos, comprender los factores que las explican y las consecuencias de lo sucedido, etc.

- Si bien muchos profesionales de la acción realizan estos procesos cotidianamente, como ya dijimos, suelen hacerlo de manera casi inconsciente, sin darse cuenta de la complejidad de sus propios procesos mentales.

- El reto de la formación y la asesoría en sistematización está en ayudarles a hacer conscientes estos procesos y a aplicarlos, de manera sistemática, a la experiencia sobre la cual están reflexionando.

- En este momento se enfatiza también la relación con la teoría.

- Los sistematizadores deben explicitar el conocimiento previo a partir del cual se diseñó la intervención (y que se expresa en la hipótesis de acción inicial) y distinguir, a partir del análisis e interpretación de las diferencias entre ese diseño y la manera en que las cosas sucedieron realmente, los nuevos conocimientos producidos durante la práctica.

- Igualmente, deben relacionar este nuevo saber con el conocimiento acumulado sobre el tema, de manera de generar un diálogo entre conocimiento teórico y conocimiento práctico, que resulta enriquecedor para ambos.

- Son dos las herramientas cuya utilidad hemos ido comprobando para el análisis e interpretación de la experiencia:
    o La explicitación (hacer explícita) de la hipótesis de acción que sustentó inicialmente la intervención y de sus sucesivas modificaciones; se trata de identificar las etapas por las que ha ido transitando la experiencia, para descubrir en ellas los cambios en el conocimiento que las explican.

    o La formulación de preguntas a la experiencia.

        - Toda producción de conocimientos se inicia con preguntas, por lo que esta herramienta resulta de fundamental importancia y asegura que el proceso de sistematización cumpla realmente con ese cometido.

- A partir de la pregunta-eje se construye un "árbol de preguntas" que expresa todo lo que se quiere saber sobre la experiencia que se está sistematizando.

- La respuesta a estas preguntas, a partir de la información ordenada en la reconstrucción de la experiencia y su contexto, y en relación con la teoría, se constituye en el momento de interpretación de la experiencia, que lleva a quienes están sistematizando a comprender lo sucedido, a organizar los aprendizajes obtenidos en la práctica y a fundamentarlos, y en consecuencia, a estar en condiciones de comunicarlos a otros.

o Este proceso de formulación de preguntas y construcción de respuestas se da al interior de la comprensión dialéctica del mundo.

o Es decir, se trata de buscar explicaciones a los fenómenos a partir de las relaciones y tensiones entre las distintas dimensiones o aspectos de la experiencia; de comprender su dinámica como producto de los intereses y acciones de los participantes; de entender a la experiencia como parte de contextos (o totalidades) mayores que la hacen inteligible.

o Los productos de la sistematización se identifican claramente con las características del conocimiento práctico:

- son situacionales: han sido producidos a partir de situaciones concretas y no tienen ninguna aspiración -ni podrían tenerla- hacia la generalización.

- su validez deriva de su utilidad para orientar la práctica.

Es por ello que, la sistematización produce lecciones o aprendizajes desde y para la práctica.

9.3. Tercer Momento: Visión Focal

El tercer momento del proceso de sistematización es la visión focal.

Visión focal:

- La visión focal implica la reconstrucción de la experiencia a partir de las hipótesis formuladas.

- Las hipótesis se contrastan, implementando para ello instrumentos de investigación con los que de manera focalizada se toman datos para confirmar o refutar.

- se trata de una segunda mirada, que realiza una descripción ordenada de lo sucedido en la práctica, pero ya desde el eje de conocimiento definido.

- Se trata de traducir la experiencia vivida como proceso a un lenguaje que permita su posterior análisis e interpretación en términos de alguna explicación teórica, es decir, manipularla y procesarla intelectualmente.

- La reconstrucción de la experiencia plantea algunos retos, que muchas veces se les presentan como dificultades a los sistematizadores:

  o Mantenerse al interior del eje de conocimiento definido (la pregunta-eje).

  o Por costumbre, o porque están más ejercitados en ello, los sistematizadores tienden a reconstruir el proyecto en su conjunto, corriendo el riesgo de ampliar excesivamente la descripción de lo vivido o de no darle suficiente importancia a dimensiones que resultan claves para comprender aquello que desean conocer.

  o Mostrar sólo una perspectiva o mirada sobre los hechos (la del equipo que interviene) y no el conjunto de iniciativas e intereses en juego en la experiencia que, como ya se dijo, da cuenta de la interrelación de diversos actores en un contexto determinado.

o Olvidar que lo que se está reconstruyendo forma parte de una totalidad mayor, sin la cual no sería comprensible.

o La asesoría metodológica durante esta fase del proceso ayuda a superar estas dificultades.

o También resulta de gran utilidad una mirada externa, que cuestiona y obliga a explicitar elementos que pueden parecer excesivamente obvios para quienes participaron en la experiencia, o a visualizar dimensiones no percibidas por el equipo directamente involucrado en la experiencia y su sistematización.

9.4. Cuarto Momento: Comunicación y socialización

El cuarto y último momento del proceso de sistematización es el de la comunicación y socialización.

Comunicación y socialización:

- Este momento se refiere a la comunicación y socialización de los nuevos conocimientos producidos.

- Esta puede realizarse mediante diferentes medios, dependiendo de los objetivos que se desea alcanzar y de los destinatarios de los productos.

- Sin embargo, es indispensable que exista un documento escrito, ya que ello facilita el debate y la reflexión, así como la socialización y acumulación de los conocimientos producidos en la práctica.

- Esto puede (y debiera) ir acompañado de otras formas de comunicación, especialmente aquellas que permiten compartir y discutir los productos de la sistematización con los participantes en la experiencia.

- El teatro, videos, historietas y otras formas audiovisuales son especialmente aplicables a estos fines.

- Si bien la comunicación es el momento final del proceso y se realiza una vez que ha culminado la producción de conocimientos propiamente tal, a nuestro entender forma parte integral de la sistematización.

- Como ya se indicó, desde el momento de los debates iniciales para la definición de una imagen-objetivo debiera incluirse la negociación y acuerdo sobre los destinatarios del producto y prever, así sea provisionalmente, las formas de comunicación que se usarán.

- Ello marca en muchos sentidos la orientación del proceso mismo de producción de conocimientos, a la vez que constituye uno de los intereses más importantes y generalizados que motivan a las personas a sistematizar su experiencia.

- De ahí la importancia de hacerlo explícito desde un inicio.

- Como se puede apreciar, el proceso de sistematización obliga a quienes lo transitan a pasar por diversos énfasis en su pensamiento: descriptivos, analíticos y comunicativos.

- Los dos primeros momentos incluyen, aunque de manera inicial, los tres énfasis, ya que sólo realizando procesos de descripción y análisis (descomposición) se puede identificar qué aspecto o dimensión de la experiencia se va a sistematizar.

- A la vez, ello sólo es posible si se piensa en el producto y sus destinatarios.

- No se puede esperar que todos los intentos de sistematización constituyan logros totales, pero si se consigue que el profesional comprenda la importancia de analizar y comprender su práctica, de cuestionar su sentido y orientación, y de organizar y hacer comunicables los aprendizajes logrados en ella, estaremos avanzando a pasos agigantados hacia mejores maneras de intervenir en la realidad.

- Asimismo, estaremos contribuyendo a la producción y acumulación de un tipo de conocimientos que dé cuenta de esas prácticas y de lo que mucho aprendemos en ellas, no sólo con relación a mejores maneras de intervenir para transformar, sino sobre la realidad misma en sus múltiples complejidades y concreciones.

- Esta es precisamente una de las grandes necesidades de la época actual, de cambios acelerados y grandes incertidumbres.

10 EL PROCESO DE SISTEMATIZACIÓN DE EXPERIENCIAS

De este modo formulo el siguiente proceso de investigación en sus respectivos momentos:

Momento 1: DESCRIPCIÓN: describir lo sucedido
Momento 2: REFLEXIÓN: reflexionar sobre los aprendizajes
Momento 3: ACCIÓN: centrándose en un tema, área o componente, y organizando los datos y presentando resultados.

Resumiremos a continuación dichos momentos: DESCRIPCIÓN, REFLEXIÓN y ACCIÓN.

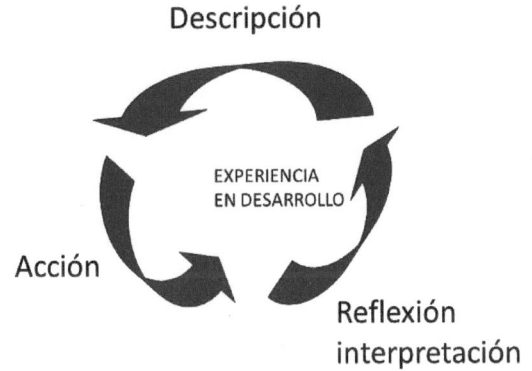

10.1. Descripción de la experiencia

1- Visión general (global):

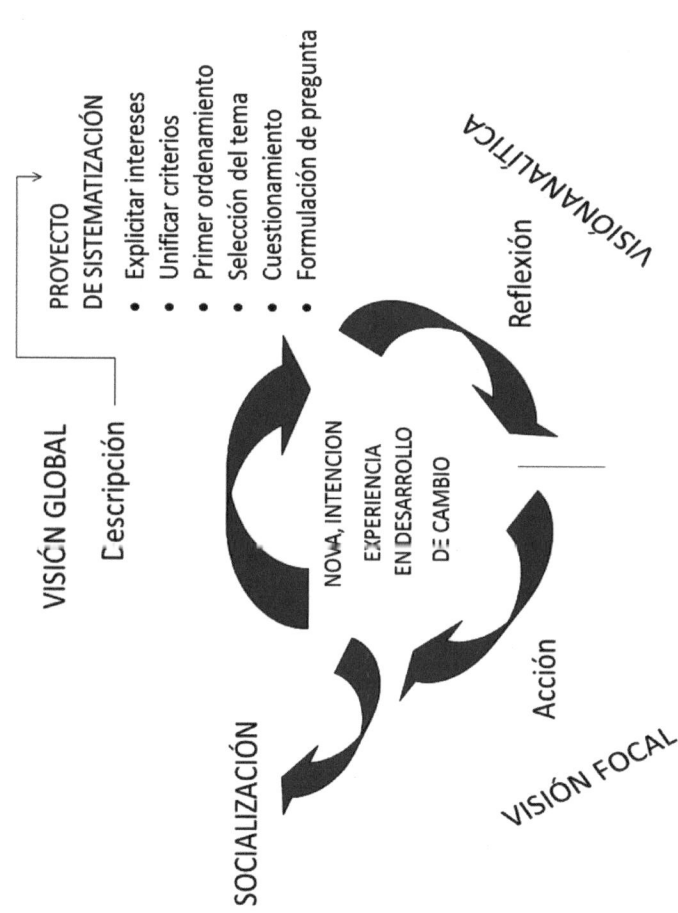

1. Un primer momento de tendencia descriptiva, se constituye en el punto de partida indispensable para todo proceso de sistematización.

2. Consiste en obtener una visión global de la experiencia.

3. En esta etapa, es indispensable que quienes van a participar en el proceso de sistematización, expliciten sus intereses, los debatan y negocien, para llegar a acuerdos que permitan que todos los involucrados tengan claro qué van a hacer, para qué, cuál es el producto que esperan lograr y cuál será su utilidad.

4. Ello es especialmente importante, dado que la sistematización, como la intervención, es una actividad colectiva; un ejercicio individual empobrece las posibilidades de producción de conocimientos en la medida que reduce a la mirada de un actor lo que fue un proceso complejo y multidimensional.

5. Esta unificación de criterios incluye la definición de los ejes de contenido y procedimientos que se usarán para realizar la sistematización de manera panorámica, así como la apropiación, de parte de los sistematizadores, de algunas herramientas básicas que permitirán desarrollarla.

6. Todo esto suele necesitar de un apoyo externo, en la medida en que el interés inicial y primario por sistematizar, muchas veces, carece de contenidos claros, expresando más bien la preocupación por la "pérdida" de la experiencia acumulada y de la riqueza de lo que se ha ido aprendiendo en la práctica.

7. En ese sentido, el interés por la comunicación está siempre presente, y es muy conveniente que se explicite des-de este momento inicial del proceso de sistematización, negociando y definiendo las características del producto esperado y de sus destinatarios, así como las modalidades de difusión que se usarán.

8. Se define con precisión qué se va a sistematizar.

9. Esto significa construir un primer ordenamiento de la experiencia; en una primera mirada que extrae el ordenamiento del campo de la vivencia para trasladarlo al campo del conocimiento.

10. La experiencia siempre se presenta inicialmente de manera confusa.

11. Quienes han participado en ella, muchas veces no están en condiciones de comprender exactamente lo que sucedió durante su curso, ni las causas por las cuales las cosas pasaron, y en la medida en que pasaron y les es muy difícil relatarla ordenadamente.

12. Menos aún están en condiciones de dar cuenta de los aprendizajes obtenidos de manera organizada y, especialmente, de fundamentarlos.

13. Trasladar la experiencia del campo de la vivencia al campo del conocimiento, requiere que quienes van a sistematizar, definan qué quieren saber sobre ella.

14. Aunque parece sencillo, identificar los conocimientos que se espera obtener mediante la sistematización no es tarea fácil, precisamente porque re-quiere el desarrollo de complejos procesos mentales.

15. Un instrumento que ha probado su utilidad para facilitar este traslado, es el diseño de un proyecto de sistematización.

16. A través de sucesivas aproximaciones, quienes van a sistematizar realizan los siguientes procesos:

    1. Un primer ordenamiento de aquello que se quiere sistematizar; por lo general, se empieza relatando el proyecto en su conjunto, para luego identificar algún aspecto o dimensión en el que interesa centrarse.

    2. La selección de un tema o eje que da cuenta de aquello que se busca conocer y el cuestionamiento o formulación de una pregunta que expresa lo más claramente posible qué se quiere conocer con relación al tema y a la dimensión de la experiencia vivida que se ha elegido.

    3. En la pregunta-eje está la clave del proceso de producción de conocimientos: sólo si se la ha formulado la sistematización logra producir algo nuevo y superar lo ya sabido.

    4. Su definición muestra que la experiencia ha transitado

exitosamente desde la vivencia al campo del conocimiento.

5. Este momento del proceso también es complejo porque requiere realizar una primera identificación de los elementos que conforman la experiencia.

6. Es necesario, dividir la totalidad, sin perder de vista que la dimensión elegida forma parte de ella y que no se la podría comprender cabalmente sin referirla al con-junto.

7. En ese sentido, el diseño del proyecto permite explicitar las complejidades tanto de la experiencia como de su sistematización.

8. Las relaciones entre la totalidad y el aspecto seleccionado, incluye los sentidos (propósitos) últimos de la acción, los objetivos e intencionalidades que se buscaba alcanzar con la intervención concreta y su coherencia con las apuestas éticas y políticas.

9. Las relaciones entre la racionalidad de los sistematizadores incluyendo tanto los aspectos teóricos como aquellos ideológicos y subjetivos y la integralidad de la experiencia, en tanto producto de la acción de diversos actores.

10. Las relaciones entre los procesos objetivos y las subjetividades en juego en la experiencia y su sistematización.

11. El proyecto de sistematización cumple también con otras funciones importantes: Permite formalizar los acuerdos a los que se ha llegado en la negociación de intereses, traduciéndolos en objetivos comunes; y a la vez, acordar los aspectos metodológicos y operativos, culminando en un plan de trabajo que facilita la asignación de tiempos y recursos para desarrollar el proceso.

12. Por todo lo anterior, a estas alturas de nuestra experiencia, podemos decir con bastante certeza que, sin el diseño de un proyecto de sistematización, es muy difícil que ésta llegue a buen término.

13. Aquí se espera recoger de manera descriptiva toda la información acerca de la experiencia, implica como lo define Conde 1995 (Métodos y técnicas cualitativas de investigación en ciencias sociales, Delgado y Gutiérrez. 1995, edita Síntesis psicológica. Madrid. España. CAP 4.)

14. Entonces se adelanta todo un proceso de in-nominación de los datos para poder establecer categorías próximas con las que a su vez se pueden sub-categorizar y establecer finalmente, las categorías de investigación que posteriormente se relacionan con las categorías extractadas de la teoría de naturaleza deductiva que se formulan a partir de los supuestos conceptuales que han movido la práctica y desde los que se pueden configurar para entenderla.

Por otro lado, y al mismo tiempo, se unifican criterios con relación a la manera en que se concibe la experiencia y lo que se espera lograr con ella.

.10.2. Análisis de la experiencia

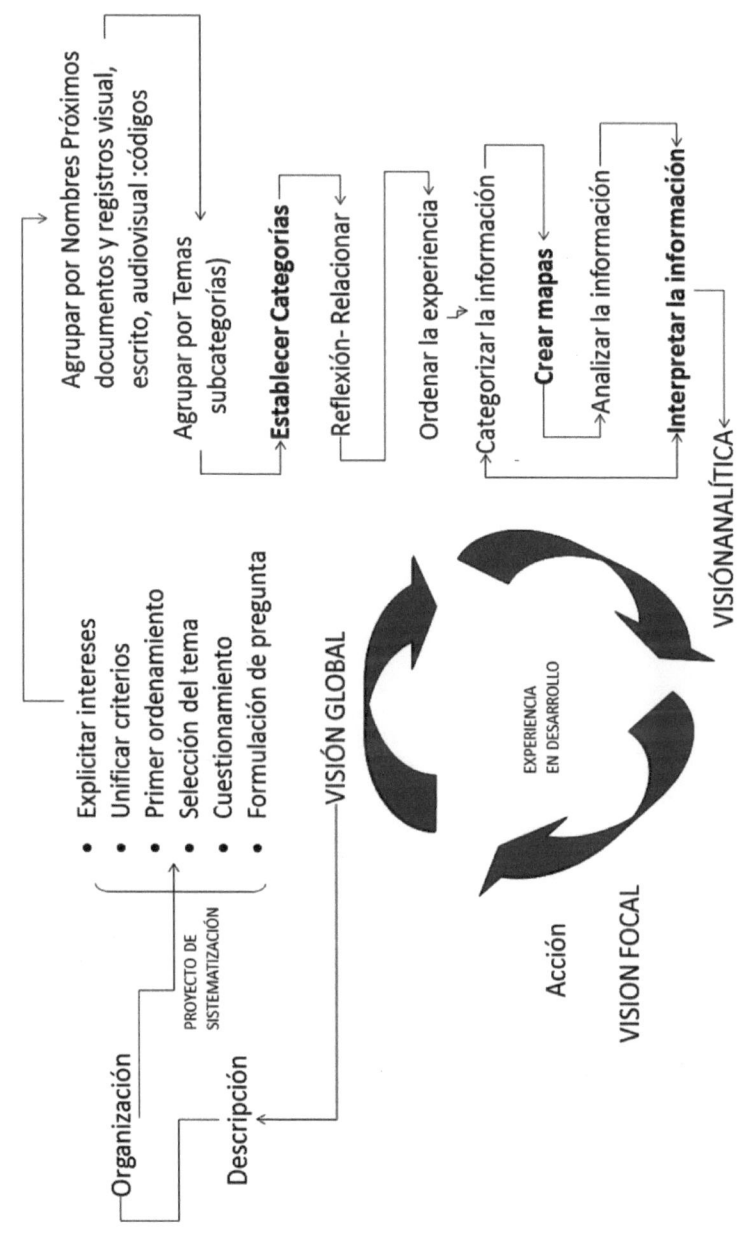

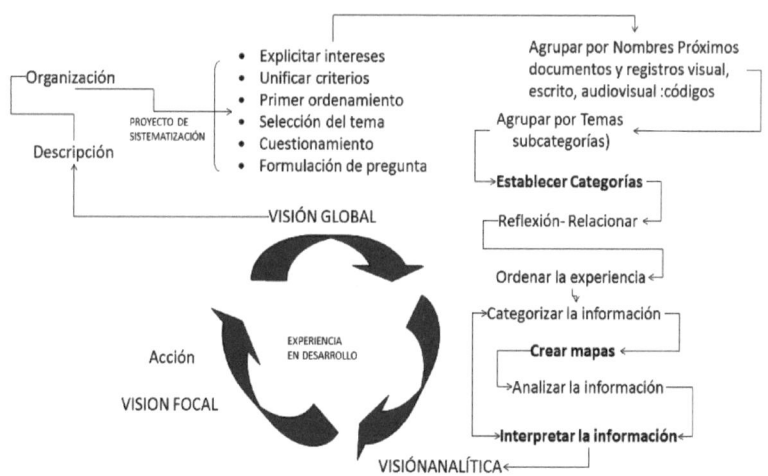

2-Analisis:

1. Un segundo momento es el análisis, consiste en establecer una visión analítica del trabajo.

2. Es decir, crear categorías y relacionarlas a través de un análisis de la información, posterior a haber codificado la información, estableciendo relaciones diacrónicas y sincrónicas entre las categorías obtenidas.

3. Aquí, los hechos se organizan cronológicamente y de manera inductiva se colectan los hechos vividos, inductivamente se organizan de modo que se puedan registrar con nombres próximos, es decir, nominar (proceso de in-nominación-nominación); y se relacionan con las categorías obtenidas deductivamente (proceso de denominación) de modo que se permita comprender la experiencia por medio de interpretaciones y mapas de relación.

4. Se espera que haciendo de lo in-nominado algo nominado y codificado, se compare con las categorías denominadas obtenidas de los ejes y se formulen hipótesis acerca de la experiencia que luego en el momento focal se contrastan.

5. En otras palabras, se toman los hechos, se organizan cronológicamente, y se los clasifica según categorías de análisis.

6. Las categorías de análisis usualmente son diferentes según cada proceso de sistematización.
7. Pero aquí, sugiero que se sigan categorías estándar y neutrales que se aplican para toda experiencia, éstas son, organización, participación, y formación.

8. Según estas categorías se organiza y se analizan los hechos presentados cronológicamente.

9. El proceso de análisis se hace más complejo cuando se clasifica y relaciona la información según el origen de donde proviene (participantes de la experiencia, coordinadores de la experiencia u observadores externos de la experiencia), y se complejiza aún más cuando se discrimina cual información ayuda a definir el marco conceptual de la experiencia, cual información ayuda a definir el contexto general de la experiencia, cual información ayuda a caracterizar los actores, cual información determina la naturaleza de la experiencia; y cual información ayuda a la entender la ejecución, resultados e impacto de la experiencia.

10. Respecto a lo anterior, es valioso tomar un breve desvió para dimensionar lo expuesto ya que constituye los fundamentos epistemológicos del método de análisis.

11. Se parte de asumir:
    - Que lo real es multidimensional y que lo componen o constituyen aspectos y rasgos de distinción tanto cualitativos como cuantitativos.
    - Que esos rasgos son complementarios (percepción instrumental) y que gracias al lenguaje, el investigador los reduce, formalizando las múltiples dimensiones de expresión del fenómeno en cuestión.
    - Se parte también de asumir que su reducción es progresiva, a medida que se van produciendo y definiendo una serie de situaciones más o menos estables y cristalizadas, consistiendo en pasar (proceso de institucionalización) de situaciones cualitativas, concretas, abiertas a: cuantitativas, particulares y abstractas, es decir, en pasar de lo instituido (el nivel de los hechos/ lo innominado) a lo institucionalizado (nivel de los discursos/ nominado) y finalmente a lo instituyente (nivel de las construcciones teóricas/ denominado), que resulta siendo

uno de los más complejos niveles en el proceso de sistematización.

12. Con lo anterior, se pasa al análisis e interpretación de lo sucedido en la experiencia para comprenderlo.

13. Éste es, en consecuencia, el momento privilegiado en la producción de conocimientos nuevos sobre la experiencia y a la vez, el que resulta más difícil de transitar para los sistematizadores.

14. Este momento, también exige descomponer la experiencia (la totalidad) en los elementos que la constituyen, identificar las relaciones que existieron entre ellos, comprender los factores que las explican y las consecuencias de lo sucedido, etc.

15. Si bien muchos profesionales de la acción, realizan estos procesos cotidianamente, como ya dijimos, suelen hacerlo de manera casi inconsciente, sin darse cuenta de la complejidad de sus propios procesos mentales.

16. El reto de la formación y la asesoría en sistematización está en ayudar a hacer conscientes estos procesos y a aplicarlos, de manera sistemática, a la experiencia sobre la cual están reflexionando.

17. Como puente para el próximo momento se inicia la relación con la teoría.

18. Los sistematizadores deben explicitar el conocimiento previo a partir del cual se diseñó la intervención (y que se expresa en la hipótesis de acción inicial) y distinguir, a partir del análisis e interpretación de las diferencias entre ese diseño y la manera en que las cosas sucedieron realmente y los nuevos conocimientos producidos durante la práctica.

19. Igualmente, deben relacionar este nuevo saber con el conocimiento acumulado sobre el tema, de manera que genere un diálogo entre conocimiento teórico y conocimiento práctico, que resulta enriquecedor para ambos.

20. Explicación e interpretación son dos de las herramientas cuya utilidad se ha ido comprobando para el análisis e interpretación de la experiencia:

- Explicitación: Al hacer explícito la hipótesis de acción que sustentó inicialmente la intervención y de sus sucesivas modificaciones, se trata de identificar las etapas por las que ha ido transitando la experiencia, para descubrir en ellas el conocimiento que sustenta los cambios y que la explican.

- Interpretación: La formulación de preguntas a la experiencia. Toda producción de conocimientos se inicia con preguntas, por lo que esta herramienta resulta de fundamental importancia y asegura que el proceso de sistematización cumpla realmente con ese cometido. A partir de la pregunta-eje, se construye un "árbol de preguntas" que expresa todo lo que se quiere saber sobre la experiencia que se está sistematizando. La respuesta a estas preguntas, (formuladas a partir de la información ordenada en la reconstrucción de la experiencia y su contexto, y en relación con la teoría), constituye el momento de interpretación de la experiencia. Interpretación que lleva a quienes están sistematizando a comprender lo sucedido, a organizar los aprendizajes obtenidos en la práctica y a fundamentarlos, y en consecuencia, a estar en condiciones de comunicarlos a otros.

21. Este proceso de formulación de preguntas y construcción de respuestas se da al interior de la comprensión dialéctica del mundo.

22. Es decir, se trata de buscar explicaciones a los fenómenos a partir de las relaciones y tensiones entre las distintas dimensiones o aspectos de la experiencia; de comprender su dinámica como producto de los intereses y acciones de los participantes; de entender a la experiencia como parte de los contextos (o totalidades) mayores que la hacen inteligible.

23. Los productos de la sistematización se identifican claramente con las características del conocimiento práctico:

- Son situacionales: Han sido producidos a partir de situaciones concretas y no tienen ninguna aspiración -ni podrían tenerla- hacia la generalización.

- Su validez deriva de su utilidad para orientar la práctica. Es por ello que, la sistematización produce lecciones o aprendizajes desde y para la práctica.

24. Es por ello que, la sistematización produce lecciones o aprendizajes desde y para la práctica

10.3. Acción sobre la experiencia

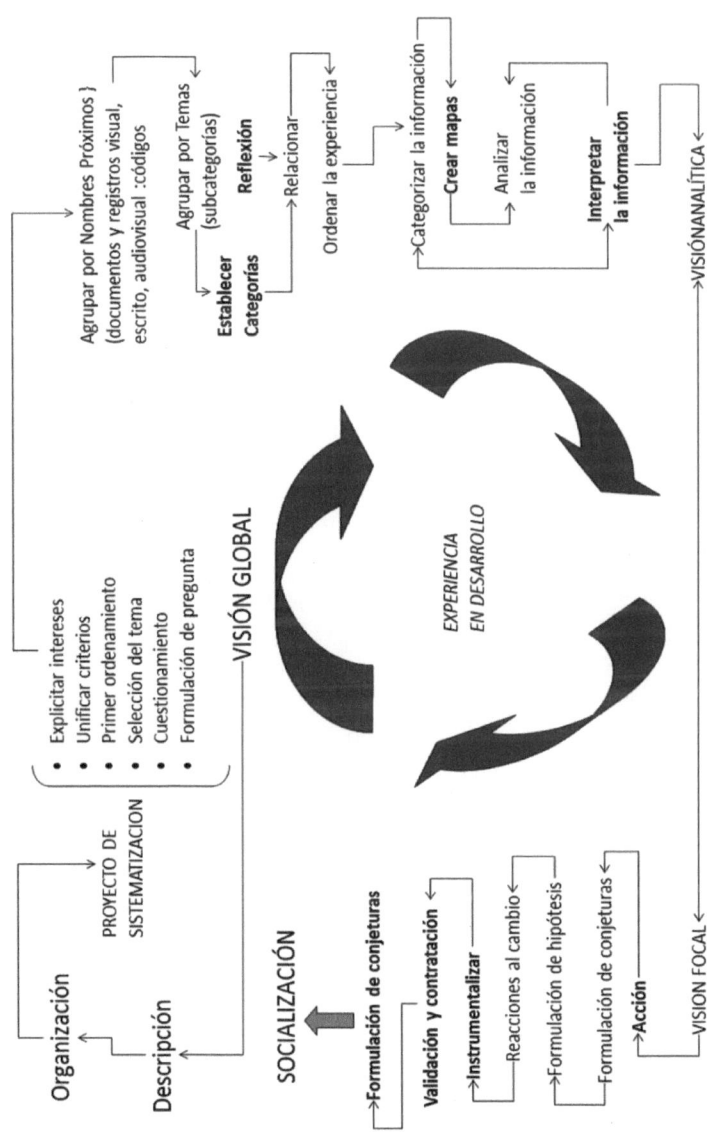

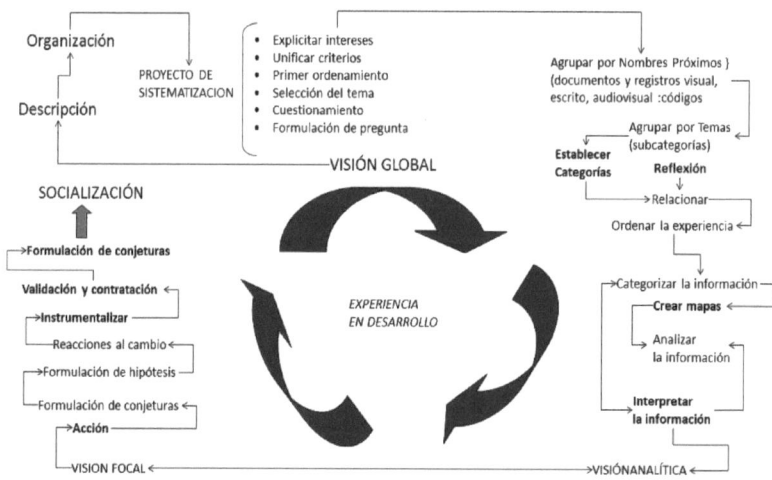

Acción

1. El tercer momento del proceso de sistematización es la visión Focal que implica la reconstrucción de la experiencia a partir de las hipótesis formuladas, éstas se contrastan, implementando para ello instrumentos de investigación con los que de manera focalizada.

2. Se toman datos para confirmar o refutar; Se trata de una segunda mirada, que realiza una descripción ordenada de lo sucedido en la práctica, pero ya desde el eje de conocimiento definido.

3. Se trata de traducir la experiencia vivida como proceso a un lenguaje que permita su posterior análisis e interpretación en términos de alguna explicación teórica, es decir, manipularla y procesarla intelectualmente.

4. La reconstrucción de la experiencia plantea algunos retos, que muchas veces se presentan como dificultades a los sistematizadores, como:

- Mantenerse al interior del eje de conocimiento definido (la pregunta eje: Es posible que durante el proceso se descubra que hay otras preguntas más valiosas o interesantes.
  - o En ese caso se debe modificar el eje de la reconstrucción, pero de manera consciente y explícita-)

o Por costumbre, o porque están más ejercitados en ello, los sistematizadores tienden a reconstruir el proyecto en su conjunto, corriendo el riesgo de ampliar excesivamente la descripción de lo vivido o de no darle suficiente importancia a dimensiones que resultan claves para comprender aquello que desean conocer.

- Mostrar sólo una perspectiva o mirada sobre los hechos (la del equipo que interviene) y no el conjunto de iniciativas e intereses en juego en la experiencia que, como ya se dijo, da cuenta de la interrelación de diversos actores en un contexto determinado.
- Olvidar que lo que se está reconstruyendo forma parte de una totalidad mayor, sin la cual no sería comprensible.

5. El análisis ha de realizarse en cuatro áreas: análisis sobre el marco conceptual de la experiencia, el análisis sobre el contexto general de la experiencia, el análisis para lograr la caracterización de los actores naturaleza de la experiencia, y el análisis de la ejecución de la experiencia, sus resultados e impacto de la experiencia.

LAS CUATRO ÁREAS DE ANÁLISIS	
1	Marco conceptual de la experiencia
2	Contexto general de la experiencia
3	Caracterización de los actores naturaleza de la experiencia
4	Ejecución de la experiencia, sus resultados e impacto de la experiencia

6. La asesoría metodológica durante esta fase del proceso ayuda a superar estas dificultades que se puedan presentar.
7. También resulta de gran utilidad una mirada externa, que cuestiona y obliga a explicitar elementos que pueden parecer excesivamente obvios para quienes participaron en la experiencia, o a visualizar dimensiones no percibidas por el equipo directamente involucrado en la experiencia y su sistematización.

10.4. Socialización de la experiencia

Socialización de la experiencia sistematizada.
1. El cuarto y último momento del proceso de sistematización es el de la comunicación y socialización de los nuevos conocimientos producidos.

2. Ésta puede realizarse mediante diferentes medios, de-pendiendo de los objetivos que se desean alcanzar y de los destinatarios de los productos.

3. Sin embargo, es indispensable que exista un documento escrito, ya que ello facilita el debate y la reflexión, así como la socialización y acumulación de los conocimientos producidos en la práctica.

4. Esto puede (y debiera) ir acompañado de otras formas de comunicación, especialmente aquellas que permiten compartir y discutir los productos de la sistematización con los participantes de la experiencia.

5. El teatro, videos, historietas y otras formas audiovisuales son especialmente aplicables a estos fines.

6. Si bien la comunicación es el momento final del proceso y se realiza una vez que ha culminado la producción de conocimientos, forma parte integral de la sistematización.

7. Como ya se indicó, debiera incluirse la negociación y acuerdo sobre loo deotinatarios del producto y prever, así sea provisionalmente, las formas de comunicación que se usarán.

8. Ello marca en muchos sentidos la orientación del proceso mismo de producción de conocimientos, a la vez que constituye uno de los intereses más importantes y generalizados que motivan a las personas a sistematizar su experiencia. De ahí la importancia de hacerlo explícito desde un inicio.

9. Como se puede apreciar, el proceso de sistematización obliga a quienes lo transitan a pasar por diversos énfasis en su pensamiento: descriptivos, analíticos y comunicativos. Los dos primeros momentos incluyen, aunque de manera inicial, los tres énfasis, ya que sólo realizando procesos de descripción y análisis (descomposición) se puede identificar qué aspecto o dimensión de la experiencia se va a sistematizar.

10. A la vez, ello sólo es posible si se piensa en el producto y sus destinatarios.

11 GUÍA ESTRATÉGICA PARA LA SISTEMATIZACIÓN DE UNA EXPERIENCIA

Como complemento práctico al modelo que presento, formulo las áreas básicas de las que se deben mínimamente ocupar un proceso de sistematización. Las dos primeras áreas 1 y 2 aportan la estrategia para sistematizar (acciones en contexto y significado) y las dos segundas áreas 3, y 4 aportan la táctica (acciones con resultados y procedimientos).

	LAS CUATRO ÁREAS DE ANÁLISIS
1	Marco conceptual de la experiencia
2	Contexto general de la experiencia
3	Caracterización de los actores naturaleza de la experiencia
4	Ejecución de la experiencia, sus resultados e impacto de la experiencia

Dichas estrategias y tácticas fueron formuladas por Selener 1997. Según Selener 1997 existen cuatro áreas de análisis para sistematizar una experiencia y sobre las cuales, el anterior proceso requiere ser aplicado. (Evaluando y Aprendiendo de Nuestros Proyectos de Desarrollo. Selener , Zapata, y Pudry 1997. Instituto Internacional de Reconstrucción Rural.I.I.R.R. Pg 39.) -Es importante aclarar que la propuesta original de Selener (1997) no contempla la aplicación del proceso antes enunciado en el presente documento, ya que sólo las enuncia desde un aspecto técnico a modo de manual-.

Para sistematizar una experiencia se deben entonces tomar las áreas y empezar a *comprender* cada una de ellas desde la experiencia a sistematizar, de este modo en primera instancia se describe y en una segunda instancia se analiza, siguiendo el proceso de sistematización enunciado en líneas anteriores.

Puede hacerse de manera sincrónica procurando que, por cada área y la experiencia en su totalidad, se formule todo un cronograma para pasar por una visión global, visión analítica, y una visión focal.

Estrategias para sistematizar las experiencias

Marco conceptual:
Incluye la ideología de una organización, los conceptos que guiaron las acciones, los referentes teóricos que fueron utilizados y la estrategia elegida para lograr sus metas y objetivos.

- *Ideología*: aquí se estudian los principios filosóficos e ideas (políticas, culturales, sociales, económicas.) que guían a una organización o experiencia. La ideología de su organización tendrá un efecto importante en cualquier proyecto que se implemente y sistematice.

- *Estrategias*: Se analizan las alternativas y modos de to-mar decisiones, sobrellevar crisis, afrontar logros, lograr y formular metas, y en especial operativizar las tácticas de la praxis. Se busca construir el plan global que guía las acciones que hubo y han de ejecutarse para alcanzar la misión institucional y promover un cambio político, social, y económico.

Contexto general:
Tanto las organizaciones como los proyectos que las eje-cutan, son influenciados por el contexto dentro del cual operan. El contexto general incluye todos aquellos aspectos comunitarios, regionales, nacionales, y

globales o internacionales (incluyendo características históricas, políticas, económicas, y culturales) que puede incidir sobre la organización o el proyecto.

Táctica para sistematizar las experiencias

Características de los actores y del proceso (experiencia):
Hay una serie de aspectos del proyecto que influyen en su funcionamiento y resultados. Estos incluyen: las características de los diferentes actores en la experiencia, tales como su historia, intereses y capacidad con la que participan. Perfil, aspectos culturales, intereses y necesidades.

Ejecución de resultados e impacto de la experiencia:
La ejecución se refiere a las actividades que se llevan a cabo para lograr las metas y objetivos de la experiencia. Los resultados e impacto se refieren al logro de las metas y objetivos y la solución de problemas. También incluye las estrategias desarrollas por la experi3encia para poder funcionar. Ambas áreas deben ser examinadas con relación a las lecciones aprendidas.

11.1. Áreas (de contenido básico) a sistematizar

Una manera de entender todo lo expuesto es indicando el modo en que el proceso se estudia:

- Visión global de la experiencia. (descripción general)
- Visión analítica de la experiencia (análisis, reflexión e interpretación de la experiencia)
- Visión focal de la experiencia. (reconstrucción de la experiencia a partir de las hipótesis formuladas. (centrándose en un tema, área o componente, y organizando los datos y presentando resulta-dos).

Entonces, se relaciona con las áreas de contenido sistematizable:

- Área de los conceptos o marco conceptual de la experiencia.
- Área del contexto general en que se desarrolla la experiencia.
- Área de las características de los actores. -Área de las ejecuciones realizadas, e impactos obtenidos.

Matriz preliminar

Matriz preliminar para organizar las tareas de sistematización en cada nivel:

1. Es así que, para sistematizar como preámbulo, se parte de estudiar/describir el contexto de la experiencia y el marco general que la define.
2. Una vez esto está determinado, el investigador pasa a aproximarse a la experiencia desde una descripción global que presente una visión total de la experiencia.
3. Una vez la descripción global está definida, el investigador pasa desarrollar un proceso de análisis de la experiencia.
4. Dicho proceso de análisis de hace en función a categorías de análisis.
5. En este sentido, sugiero las siguientes categorías de análisis neutral. Son neutrales porque en sí no poseen un valor ideológico. Las categorías con las que se estudiaría cualquier experiencia han de ser:

- La organización,
- La participación, y
- La formación

Dichos factores vistos desde:
- Los participantes
- Los coordinadores
- Los observadores externos

El proceso:

1. Esta categorización lo que hace es, ordenar la información y colectar desde su neutralidad datos sobre cómo se organizó la experiencia, cómo los miembros participaron y cómo fue percibida por los observadores externos.

2. Una vez esta información es colectada, se pasa a estudiar los resultados que la experiencia generó.

3. Los resultados generados de la experiencia indican el impacto que éste tuvo.

4. Éste estudio del impacto desde los resultados constituye el momento focal del proceso de sistematización.

5. De este modo, para empezar un proceso de sistematización es necesario construir un primer ordenamiento de la experiencia, es decir, una primera mirada, que permite trasladar la vivencia al ámbito del conocimiento.

6. La experiencia siempre se presenta inicialmente de manera compleja pues son muchos los puntos de vista formulados por parte de quienes han participado en ella.

7. Así, en esa medida, es difícil relatarla ordenadamente y dar cuenta de los aprendizajes obtenidos de manera organizada, especialmente de fundamentarlos, así como trasladar la experiencia del ámbito de la vivencia al definir qué se quiere saber sobre ella.

8. Aunque parece sencillo, identificar los conocimientos que se espera obtener mediante la sistematización no es tarea fácil, precisamente porque implica constantes reflexiones.

9. Un primer ordenamiento de aquello que se quiere sistematizar; consiste en realizar un compendio del proyecto en su conjunto, para luego "Leerlo" sólo en términos de *organización*, *formación* y

participación, - dimensiones que aportan para extraer o construir conocimiento y sobre las cuales se debe concentrar el investigador-.

10. A partir de la pregunta de investigación se pasa a reconstruir la experiencia ubicando un período (tiempo) a estudiar, éste puede ser de años, meses, o décadas según los intereses.

11. Siendo necesario dividir la totalidad de la experiencia por períodos y según las perspectivas de: organización, formación y participación.

12. En la investigación por lo tanto se busca establecer constantemente las relaciones entre la totalidad de la experiencia y los aspectos ejes (organización, formación, participación) seleccionados; así como también se debe captar dichas relaciones desde la perspectiva de los coordinadores, los participantes, y los observadores externos a la experiencia en lo que respecta a sus motivaciones, estrategias y discursos implicados (en todas sus combinaciones).

EJES	Formación					
	Participación					
	Organización					
Niveles/Perspectivas	Motivación	Estrategias	Discursos	Resultados		
Coordinadores						
Participantes						
Observadores externos						

13. En el siguiente cuadro se presenta, la recolección de información relacionada con el eje de organización y su estudio desde la perspectiva de los coordinadores, participantes y observadores en lo relacionado modos de cada uno de ellos de organizarse para motivar, para generar e implementar modos de organización, así como los discursos, para generar y obtener resultados en relación a organizarse.

EJES	ORGANIZACION	PARTICIPACION	FORMACION	
Niveles/Perspectivas	Motivaciones	Estrategias	Discursos	Resultados
Coordinadores	x	x	x	x
Participantes	x	x	x	x
Observadores externos	x	x	x	x

14. En el siguiente cuadro se presenta, recolección de información relacionada con el eje de la participación y su estudio desde la perspectiva de los coordinadores, participantes, y observadores en lo relacionado a los tipos de participación llevados a cabo en relación a sus motivaciones a la hora de participar, así como de estrategias para participar, y discursos sobre la participación y los resultados debido a la participación.

EJES	ORGANIZACION	PARTICIPACION		FORMACION
Niveles/Perspectivas	Motivaciones	Estrategias	Discursos	Resultados
Coordinadores	X	X	X	X
Participantes	X	X	X	X
Observadores externos	X	X	X	X

15. En el siguiente cuadro se presenta, recolección de información relacionada con el eje de formación y su estudio desde la perspectiva de los coordinadores, participantes, y observadores en lo relacionado a los tipos y modos de llevar a cabo procesos formativos en lo relacionado a las motivaciones de cada uno de ellos, las estrategias para formar y entrenar que realizaron, así como los discursos que circularon en los procesos formativos y los resultados dados por el proceso formativo realizado.

EJES	ORGANIZACION	PARTICIPACION	FORMACION	
Niveles/Perspectivas	Motivaciones	Estrategias	Discursos	Resultados
Coordinadores		X	X	X
Participantes	X	X	X	X
Observadores externos	X	X	X	X

12 RESUMEN

Otra manera de entender todo lo expuesto, es que un proceso de sistematización de experiencias consiste en crear conocimiento desde la práctica y para ello se de-ben estudiar las experiencias sociales desde varias perspectivas a la vez, pero con la libertad de realizar un proceso de análisis de la información según el interés del conocimiento en juego.

Un proceso de sistematización debe dar como resultado un modelo escrito que recopile la lógica de la experiencia en cuanto a su organización, participación y formación desde un interés interpretativo dado por el investigador. Indicando el modo en que el proceso fue visto, desde distintas ópticas, una muy amplia, otra más analítica y otra más puntual sobre algunos aspectos en términos de los ejes del proceso:

- Visión global de la experiencia
- Visión analítica de la experiencia
- Visión focal de la experiencia
- Socialización de la experiencia.

VISION (perspectiva)	PROCESO
Global	Descriptivo
Analítica	Reflexión / Interpretación
Focal	Acción

De este modo se analizan también las áreas de contenido sistematizable:

- Área de los conceptos o marco conceptual de la experiencia.
- Área del contexto general en que se desarrolla la experiencia.
- Área de las características de los actores
- Área de las ejecuciones realizadas, estrategias e impactos obtenidos,

y estas áreas se analizan según ejes de organización, formación y participación y perspectivas de la experiencia: según los coordinadores, participantes y observado-res externos de la misma.

MATRIZ	VISION GLOBAL	VISIÓN ANALÍTICA	VISIÓN FOCAL
ASPECTOS	Ordenar/describir toda la experiencia	Caracterizar la experiencia	Validar y contrastar la experiencia
1-DESCRIPCION y análisis de conceptos 2-ANALISIS del contexto 3-RESULTADOS, su descripción y análisis			

Matriz

En la siguiente matriz se observa la integración entre las etapas del proceso investigativo y las tareas a realizar en cada etapa.

MATRIZ	VISION GLOBAL	VISIÓN ANALÍTICA	VISIÓN FOCAL
ASPECTOS	Ordenar/describir toda la experiencia	Caracterizar la experiencia	Validar y contrastar la experiencia
1- DESCRIPCION y análisis de conceptos	1-Describir los antecedentes Organizar la experiencia por etapas •Definir el marco socio-político •Nacional •Regional and Internacional	-Establecer las categorías -Analizar relacionando las categorías -Formular las conjeturas e hipótesis -Delimitar los supuestos teóricos de la experiencia	
2- ANALISIS del contexto	2. Ubicación en el contexto general. Recuperación histórica y actual de la experiencia a nivel local, Regional, internacional • recuperación de registros visuales, escritos, testimonios, entrevistas, documentos, reportes etc.	-Formular el marco conceptual -Describir el proceso eje, y los procesos de apoyo -Caracterización de los interrogantes y necesidades -Construcción de categorías de análisis -Identificación de redes conceptuales -Graficación del flujo de actividades -Crear la línea histórica de la experiencia -Establecer la naturaleza y estructura de las actividades: -Actividades formativas -Actividades Organización -Actividades Participación -Crear el DOFA de la experiencia -Identificar los puntos críticos de la experiencia.	
3- RESULTADOS, su descripción y análisis	-Formular y aplicar los instrumentos para contrastar las conjeturas -Obtención de resultados de la experiencia -Contrastar lo inicialmente propuesto con lo finalmente hecho en la experiencia -Identificar los cambios de comportamientos logrados: -Cambios de actitudes -Formular recomendaciones -Formular los patrones en: formación, organización participación.		

Es una matriz preliminar para organizar las tareas de sistematización en cada nivel: En el cuadro a continuación se integran los procesos del proceso investigativo (visión, global, visión analítica, visión focal) con las tareas a realizar. sirve como patrón para finamente realizar el reporte escrito.

13 EL REPORTE ESCRITO

Divulgación

Reporte escrito es el procedimiento para formalizar la presentación de un proceso
de sistematización.

Todo lo anterior se aplica para hacer la investigación; pero su presentación formal se hace en un orden comprensible al lector, de este modo uno es el proceso de sistematización y otro es el informe y presentación de dicho proceso, que a continuación se presenta. El cuál indica el modo como se debe
reportar el proceso de sistematización:

-Nombre de la experiencia

-Caracterización institucional de la experiencia.
*Naturaleza
*Origen
*Ideología
*Principios
*Propósito
*Objetivos

-Estrategia pedagógica de la experiencia.

-Relaciones (que, como, para que) entre las dimensiones: sujetos, objetos, espacios, eventos, contenidos)
*Modalidad metodológica de la experiencia
*Contenidos temáticos de la experiencia.

*Procesos articuladores de temas y contenidos. (currículo)
*Procesos de capacitación de la experiencia.
*Material didáctico utilizado en la experiencia. (construcción y uso)

-Contexto histórico y social de la experiencia.

-Contexto local de la experiencia.

-Cobertura geográfica de la experiencia por periodos.

-Características de: personas, grupos, e instituciones protagonistas de la experiencia y sus relaciones.
*Perfil socioeconómico.
*Proceso de inducción y selección.
*Acceso Calidad y cantidad de vinculación.
*Estrategias de vinculación.
*Acceso Calidad y cantidad de interacción.
*Acceso Calidad y cantidad del desempeño.

-Descripción histórica de la experiencia.

-Etapas por las que ha pasado la experiencia.

-Resultados obtenidos con la experiencia.
*Logros e Impactos obtenidos con la experiencia.
*Obstáculos presentados en la experiencia.
*Aciertos y errores de la experiencia.
*Procesos de financiamiento de la experiencia.
*Procesos realizados de evaluación de la experiencia.
*Procesos de seguimiento de la experiencia.

Análisis de la experiencia.

*Desde los coordinadores:
-Motivaciones
-Motivaciones de formación de los coordinadores
-Motivaciones de organización de los coordinadores
-Motivaciones para participar de los coordinadores
-Estrategias
-Estrategias de formación de los coordinadores
-Estrategias de organización de los coordinadores
-Estrategias de participación de los coordinadores
-Discursos

-Discursos de formación de los coordinadores
-Discursos de organización los coordinadores
-Discursos de participación los coordinadores
-Resultados
-Resultados debidos a la formación de los coordinadores
-Resultados debidos a la organización de los coordinadores
-Resultados debidos a la participación de los coordinadores.

*Desde los participantes
-Motivaciones
-Motivaciones de formación de los participantes
-Motivaciones de organización de los participantes
-Motivaciones para participar de los participantes
-Estrategias
-Estrategias de formación de los participantes
-Estrategias de organización de los participantes
-Estrategias de participación de los participantes
-Discursos
-Discursos de formación de los participantes
-Discursos de organización los participantes
-Discursos de participación los participantes

Resultados
-Resultados debidos a la formación de los participantes
-Resultados debidos a la organización de los participantes
-Resultados obtenidos debidos a la participación de los participantes

*Desde los observadores externos
-Motivaciones
-Motivaciones para formar (educar) los observadores externos
-Motivaciones para organizar a los observadores externos
-Motivaciones para participar de los observadores externos

-Estrategias
-Estrategias de formación de los observadores externos
-Estrategias de organización de los observadores externos
-Estrategias de participación de los observadores externos

-Discursos
-Discursos de formación de los observadores externos
-Discursos de organización de los observadores externos
-Discursos de participación de los observadores externos
-Resultados

-Resultados debidos a la formación de los observadores externos
-Resultados debidos a la organización de los observadores externos
-Resultados debidos a la participación de los observadores externos

El propósito es seguir un procedimiento que lleve a capturar la realidad del conocimiento en estos aspectos sino también crear algún modelo de experiencia social replicable a partir de la experiencia sistematizada en lo político, social y humano, por ello toma mucha importancia la interpretación y análisis de la experiencia.

Instrumentos y técnicas (algunas)
-Técnicas proyectivas.
-Técnicas gráficas y verbales.
-Técnicas de juego.
-Actividades dirigidas.
-Reportajes.
-Archivo pedagógico.
-Guías de trabajo.
-Análisis de actas.
-Entrevista a profundidad.
-Talleres.
-Revisión y consulta a documentos.
-Informes cartillas y artículos.
-Registro audiovisual.
-Videos

Finalmente, La sistematización puede hacerse, pero gracias al apoyo y asesoría y a la valiosa colaboración de sus protagonistas. Es de resaltar que los resultados de un proceso de sistematización es la construcción de nuevo conocimiento y para ello es esencial el uso de instrumentos de investigación, estos se aplican según la dinámica y necesidad del proceso y temas relacionados con programas de prevención e intervención.

14 BIBLIOGRAFÍA

Delgado y Gutiérrez Métodos y técnicas cualitativas de investigación en ciencias sociales.1995 cap4.

Rondón Jesús. Modelo sistémico de evaluación de programas de innovación educativa (mosepie). edit.CINTERPLAN.caracas. venezuela.1993.

Barnechea, M. Mercedes. Con tu puedo y con mi quiero. TACIF, Lima, 1992.

Barnechea, M., Gonzalez, E., Morgan, M. ¿Y cómo lo hace? Propuesta de método de sistematización. Taller Permanente de Sistematización, Lima, 1992.

Barnechea, M., Gonzalez, E., Morgan, M. La sistematización como producción de conocimientos. En Revista "La Piragua" N° 9, CEAAL, Santiago de Chile, 1994.

Echeverría, Rafael. El búho de Minerva. Dolmen Ediciones, Santiago de Chile, 3ª edición, 1997.

Elliot, John. La investigación-acción en educación. Editorial Morata, Madrid, 1990.

Francke, M. y Morgan, M. La sistematización: apuesta por la generación de conocimientos a partir de las experiencias de promoción. Materiales Didácticos N° 1, Escuela para el Desarrollo, Lima, 1995.

Jara, Oscar. Para sistematizar experiencias. ALFORJA, San José de Costa Rica, 1994.

Martinic, Sergio. Elementos metodológicos para la sistematización de proyectos de educación popular. CIDE, Santiago de Chile, 1987.

Martinic, Sergio. La relación entre lenguaje y acción en los proyectos de educación popular. Problemas epistemológicos en la sistematización. En Revista "La Piragua" N° 5, CEAAL, Santiago de Chile, 1992.

Morgan, M. de la Luz. Búsquedas teóricas y epistemológicas desde la práctica de la sistematización. En "Sistematización y producción de conocimientos para la acción", CIDE, Santiago de Chile, 1997.

Padrón, José. Elementos para el análisis de la investigación educativa. En Revista "Educación y Ciencias Humanas" N° 3, Año II, Post-Grado de la Universidad Nacional Experimental Simón Rodríguez, Caracas, julio-diciembre 1994.

Palma, Diego. La sistematización como estrategia de conocimiento en la educación popular. El estado de la cuestión en América Latina. Serie "Papeles del CEAAL" N° 3, CEAAL, Santiago de Chile, 1991.

Schön, Donald. The reflective practitioner. How professionals think in action. New York Basic Books, Harper Colophon, 1983. Tomado de "Apuntes para el Trabajo Social" N° 16, Santiago de Chile, 1989.

Usher, R. y Bryant, I. La educación de adultos como teoría, práctica e investigación. El triángulo cautivo. Editorial Morata, cap. IV (fotocopia).

Vasco, C.E. Distintas formas de producir conocimientos en la educación popular. En Revista "La Piragua" N° 12-13, CEAAL, Santiago de Chile, 1996.

María Mercedes Barnechea, Estela Gonzalez, María de la Luz Morgan, Lima, julio de 1998

ACERCA DEL AUTOR

Fredy L. Martínez nació en Colombia, es psicólogo egresado de la Universidad Pontificia Bolivariana (UPB), tiene una Maestría en Desarrollo Social y Educativo de la Universidad Nacional-CINDE de Bogotá-Colombia, una especialización en Docencia Universitaria de la UPB; y un Post-Master de la Universidad Johns Hopkins de Baltimore, MD en Estados Unidos. El Sr. Martínez es también Certificado Terapeuta en Adicciones por la Junta de Profesionales de Consejería del Estado de Virginia.

En su vida profesional El Sr. Martínez ha combinado la investigación, y la docencia universitaria con el ejercicio profesional. A lo largo de su profesión, el Sr. Martínez ha diseñado y facilitado programas de prevención e intervención directamente con jóvenes, familias y comunidades en alto riesgo.

En 1998, el Sr. Martínez fue Docente universitario por cinco años de la Universidad Pontifica Bolivariana de Bucaramanga Colombia y fue Psicólogo de la Fundación de apoyo a los scouts. En este período, trabajó diseñando y coordinando programas para intervenir pandillas y comunidades desplazadas en Piedecuesta- Colombia. Gracias a sus investigaciones, obtuvo el Premio Nacional de Liderazgo, su trabajo fue Nominado al premio Nacional de Paz en dos ocasiones (2001, 2002) y fue reconocido por la Asociación Americana de Psicología (APA) con un premio internacional. (La APA lo invito a presentar sus resultados en la 9th Conferencia bianual de Psicología Social Comunitaria en las Vegas Nuevo México, USA.)

Más tarde, en el 2003, El Sr. Martínez se mudó a Miami, Florida y por 3 años trabajó como consejero asistiendo adultos con problemas mentales que estaban bajo supervisión por la corte de Justicia de la ciudad de Miami-Dade. Posteriormente, en el 2005 se mudó a Maryland para unirse a la YMCA-Programas para servicios juveniles y de familia, y trabajar desde allí en la intervención de pandillas como consejero y especialista en comportamiento en el programa 'Crossroads Youth Opportunity Center'. En la ciudad de Takoma, en la comunidad de Langely Park.

En el 2008, El Sr. Martínez se unió al Condado de Arlington para trabajar como Terapista en la Unidad de Intervención a Crisis y Estabilización para asuntos de salud mental y adicciones en niños y jóvenes de la ciudad de Arlington, Virginia. Desde esta posición, no solo dió tratamiento terapéutico a jóvenes y sus familias, sino que también avocaba por los casos a su cargo ante la corte Juvenil de la ciudad.

En el 2001 El Sr. Martínez fue promovido para ser el representante del Departamento de Servicios Sociales y Humanos en la corte juvenil de la Ciudad de Arlington. Mr. Martínez colaboró en el diseño y formulación de la oficina del 'Court liaison'; y como su primer funcionario ha estado asistiendo las necesidades de salud mental y tratamiento en adiciones de los jóvenes y sus familias. También, desde esta posición ha activamente representado los servicios de DHS en el Comité local antipandillas de la ciudad,

A lo largo de su carrera profesional El Sr. Martínez, ha sido reconocido por parte de diversas instituciones en Colombia y en Estados Unidos gracias a sus esfuerzos y contribuciones en el desarrollo de programas para reeducar y rehabilitar jóvenes en alto riesgo que participan en pandillas y comunidades desplazadas.

Entre sus contribuciones se incluyen; la creación de un modelo para sistematizar experiencias, la generación de un modelo transformar grupos de jóvenes vagos en clubes juveniles, la realización de investigación-acción para organizar e integrar comunidades en conflicto (siguiendo un modelo de transcendencia humana y estrategias grupales); y la participación en el diseño y formulación de la creación de la oficina de 'Court Liaison'- liderando la cooperación entre la corte juvenil de Arlington y el Departamento de Servicios Sociales y humanos en la ciudad de Arlington, Virginia-. (Oficina a la cual fue asignado como su primer funcionario).

En el 2014 gracias a las contribuciones profesionales del Sr. Martínez desde el Comité Local Antipandillas en Arlington, y contribuciones a lo largo de su profesión en temas de prevención e intervención a pandillas, fue nominado y seleccionado (en representación del Comité Antipandillas de Arlington) por parte del FBI, La Casa Blanca, La Jefatura de Seguridad Nacional y el Departamento de Estado para participar en el programa: Central American Impact Exchange (CACIE)

El Sr. Martinez también es autor. Este libro es el tercero que realiza. Su libro inicial fue publicado en Julio del 2012 y es titulado "Las Oficinas de la Juventud. Guía sobre estrategias para la organización, formación y participación Juvenil a nivel local desde las Oficinas de la Juventud. ". Las Oficinas de la Juventud/Amazon. (Las oficinas de la juventud/ibook).

Recientemente, entre el 2014 y el 2016, El Sr. Martinez (como representante del Departamento de servicios sociales y humanos) ha sido invitado por el Comité Local de prevención anti-pandillas de la ciudad de Arlington, para representar al comité en la Academia del FBI en Quántico, Virginia como presentador en la implementación de este Modelo antipandillas en la ciudad y su extrapolación a comunidades latinas, así como temas sobre la mentalidad del pandillero y temas relacionados con programas de prevención e intervención.

FREDY L. MARTINEZ B.

www.ingramcontent.com/pod-product-compliance
Lightning Source LLC
Chambersburg PA
CBHW040829180526

45159CB00001B/114